ISBN 978-3-8094-3490-0

8. Auflage 2024

Layout: Gabriele Kiesewetter, Beselich
Projektleitung: Herta Winkler
Producing: JUNG MEDIENPARTNER GmbH, Limburg
Herstellung: Claudia Scheike

Druck und Bindung: Těšínská tiskárna a.s.,Český Těšín

Verlagsgruppe Random House FSC® N001967
Printed in the Czech Republic

Vorwort

Liebe Leserinnen und Leser,

das vorliegende Buch zeigt eine kleine Auswahl an Pflanzen und Wildkräutern, die heutzutage oft nicht oder nicht mehr in ihrer Verwendung bekannt sind. Sei es als Heilpflanze oder auch als Alternative zu gebräuchlichen Nahrungsmitteln. Das Buch soll eine Inspiration sein für alle, die gern mal etwas anderes ausprobieren wollen. Wie alles, sind auch diese Anregungen im wahrsten Sinne des Wortes „Geschmackssache". Viele der Pflanzen haben eine eigene, oft ungewohnte Geschmacksnote. Deshalb lohnt sich das Experimentieren in der Zusammenstellung mit anderen Nahrungsmitteln durchaus. Auch die Dosierung muss man austesten. Was für den einen wohlschmeckend ist, ist für den anderen zu viel oder zu wenig.

Wenn Sie auf Pflanzensuche gehen, sammeln Sie keine Pflanzen, die nahe an der Straße stehen, an verschmutzten Gewässern oder auf gedüngten Wiesen- oder Ackerflächen wachsen. Diese könnten durch Abgase oder Pestizide belastet sein. Waschen Sie die Pflanzen vor der Verwendung immer gründlich.

Aber was noch viel wichtiger ist: Sammeln Sie nur Pflanzen, die Sie sicher bestimmen können. Gerade bei den Doldenblütlern ist die Gefahr sehr groß, sie mit giftigen Pflanzen zu verwechseln. Lassen Sie deshalb alles an seinem Ort, wenn Sie sich nicht sicher sind, welche Pflanze Sie vor sich haben.

Nun wünsche ich Ihnen viel Freude beim Stöbern und Ausprobieren.

Ihre
Larena Lambert

Inhalt

Ahorn, Feld-

Acer campestre
auch Maßholder

Steckbrief

Familie:	Seifenbaumgewächse *(Sapindales)*
Standort:	Waldrand, Hecken
Wuchshöhe:	10 bis 20 m
Lebensdauer:	150 bis 200 Jahre
Blütezeit:	Mai, Juni
Blütenfarbe:	grün, gelbgrün
Blütenblätter:	unscheinbar
Blütenstand:	Rispe
Laubblätter:	meist drei- oder fünffach gelappt mit abgerundeten Spitzen, langer Blattstiel
Rinde:	borkig, braun bis grün
Frucht:	Nuss

Verwendbare Pflanzenteile
Blätter

Erntezeit
Blätter: Mai, Juni

Der Feld-Ahorn ist ein strauchartig, eiförmig wachsender Baum, der fast in Vergessenheit geraten ist. Man findet ihn an Waldrändern im Halbschatten zwischen Haselnuss und Felsenbirne. Nicht nur sein Wuchs ist klein, auch seine Blätter und Knospen sind es gegenüber anderen Ahorn-Arten. Oft wächst er mehrstämmig empor. Seine Rinde ist borkig und netzförmig von Furchen durchzogen. Da der Stamm eher dünn ist, wurde dem Feld-Ahorn in der Holzwirtschaft keine sehr große Bedeutung beigemessen. Umso wichtiger ist er für Vögel und Kleintiere als Rückzugsmöglichkeit.

Im Mai bis Juni erscheinen gleichzeitig mit dem Blattaustrieb die unscheinbaren Blüten. Zehn bis zwanzig davon stehen meist als Rispe zusammen. Bienen besuchen wegen des Nektars gern die Blüten des Feld-Ahorns und bestäuben sie auch gleichzeitig. Die Laubblätter sind drei- oder fünffach gelappt und auf der Blattunterseite weich behaart. Im Herbst bilden sich die typischen Ahorn-Früchte aus. Jeder kennt wohl die geflügelten Samen. Im Gegensatz zu den anderen Ahorn-Arten sind die Flügel des Feld-Ahorns waagerecht angeordnet. Wenn sie reifen, bekommen sie eine wunderschöne rötliche Farbe. Der Feld-Ahorn ist Baum des Jahres 2015 und erstrahlt im Herbst mit einer goldgelben Blattfärbung.

Die Zeit kurz nach dem Blattaustrieb ist am besten, um die Blätter des Feld-Ahorns zu ernten. Dann sind sie noch zart und können wie Sauerkraut milchsauer vergoren oder klein geschnitten im Salat verwendet werden. Die Blätter sind reich an Mineralstoffen und Vitaminen. Große Blätter können auch zum Einwickeln von Füllungen wie bei Weinblättern genutzt werden. Die Blätter haben einen leicht herben Geschmack.

Apfel, Holz-

Malus sylvestris
auch Wildapfel

Der Holz-Apfel ist ein strauchförmig wachsender Baum. Er ist wahrscheinlich der Vater unserer heutigen Kulturapfelsorten. Im Gegensatz zu ihnen besitzt der Holz-Apfel dornige Triebe und sowohl Blätter, Blüten und Früchte sind nicht behaart. Er wächst eher langsam. Manchmal kann er dennoch auch eine Höhe bis zehn Meter erreichen. Seine Früchte sind wesentlich kleiner und erreichen eine maximale Größe von vier Zentimetern. Sie sind von grüner Farbe und leicht runzelig. Manchmal ist die Seite der Frucht, die der Sonne zugewandt ist, leicht gerötet. Die Früchte haben einen herben, sauren Geschmack. Das Fruchtfleisch ist holzig. Erst wenn sie richtig ausgereift sind, werden sie süßlich.

Die reifen Früchte, die man ab etwa September ernten kann, nutzt man am besten in Kombination mit anderen Obstsorten für Gelee oder Marmelade. Roh sind die Früchte eher nicht sehr schmackhaft. Der Kulturapfel enthält viel Vitamin A, B und C und Gerbstoffe. Der Hauptbestandteil ist aber Pektin. Das dient zum Eindicken von Gelee oder Marmelade. Will man die Früchte erst später als Verdickungsmittel verwenden, ist es möglich, einen Pektinsirup herzustellen, der gut in Gläsern oder tiefgefroren aufbewahrt werden kann. In früheren Zeiten stellte man aus den Früchten auch Apfelwein her. Auch als Dörrobst ist die Frucht gut verwendbar.

Der Holz-Apfel ist recht selten geworden. Zu finden ist er in Lagen bis etwa 1000 Meter. Am wohlsten fühlt er sich in Auwald und Bruchwald. Man kann ihn aber auch als Solitärgehölz im Garten anpflanzen. Die Blüten werden gern von Insekten besucht, andere Tiere nutzen den Holz-Apfel als Schlafplatz. Im Jahr 2013 ist der Holz-Apfel zum Baum des Jahres gekürt worden.

Steckbrief

Familie:	Rosengewächse *(Rosaceae)*
Standort:	Auwald, Waldrand, Hecken
Wuchshöhe:	bis 5 m
Lebensdauer:	bis 200 Jahre
Blütezeit:	Mai, Juni
Blütenfarbe:	rosa, weiß
Blütenblätter:	fünf
Blütenstand:	Traube
Laubblätter:	eiförmig, spitz, gesägter Rand
Rinde:	grau, schuppig
Frucht:	Kernobst

Verwendbare Pflanzenteile
Frucht

Erntezeit
Frucht: ab September

Steckbrief

Familie:	Wegerichgewächse *(Plantaginaceae)*
Standort:	Feuchtgebiete
Wuchshöhe:	30 bis 60 cm
Lebensdauer:	mehrjährig
Blütezeit:	Mai bis September
Blütenfarbe:	blau bis violett
Blütenblätter:	vier
Blütenstand:	Traube
Laubblätter:	eiförmig, dickfleischig, glänzend, gesägter Rand
Stängel:	hohl, fleischig, rund, unbehaart
Frucht:	Kapsel

Verwendbare Pflanzenteile

Blätter

Erntezeit

Blätter: März bis Mai

Bachbunge

Veronica beccabunga

auch Bach-Ehrenpreis

Wie der Name „Bachbunge" schon verrät, ist diese immergrüne Pflanze an Orten wie Bächen, Seen und Quellgebieten zu finden. Mit ihren kriechenden Wurzeln steht sie bis zur Hälfte im Wasser und bringt zwischen Mai und September aus den Blattachseln viele vierblättrige blaue Blüten hervor. Diese stehen in Trauben mit bis zu 25 Blüten zusammen. Die Einzelblüte wird etwa sieben Millimeter groß, hat zwei blaue Staubfäden und einen blauen Griffel. Die fleischigen dunkelgrünen Laubblätter werden zwischen fünf und zehn Zentimeter groß und sind gegenständig angeordnet.

Die frischen jungen Blätter der Bachbunge eignen sich als Zugabe zu Salaten. In ihrem Geschmack sind sie dem der Brunnenkresse ähnlich: salzig, etwas bitterer, aber nicht so scharf. Ernten sollte man diese am besten von März bis Mai. Aber bitte auf saubere Gewässer achten. Am geeignetsten ist daher immer der Oberlauf eines Baches. Bitte waschen Sie die Blätter immer gut ab, bevor Sie diese verwenden.

Will man etwas gegen Frühjahrsmüdigkeit tun, eignet sich der frische Saft der Blätter dazu. Entweder gibt man die frischen Blätter direkt in den Entsafter oder püriert sie im Mixer unter Zugabe von etwas Flüssigkeit. Gemischt mit Möhre und etwas Zitronensaft lässt sich daraus auch ein leckerer Smoothie zubereiten.

Als Suppenbeigabe ist die Bachbunge ebenso verwendbar. In Überlieferungen ist zu lesen, dass an Gründonnerstag eine Suppe aus neun Pflanzen gekocht wurde. Diese ist unter dem Namen „Neunstärke" bekannt. Die Bachbunge ist eine Zutat davon.

Hauptinhaltsstoffe der Bachbunge sind Gerbstoffe, Bitterstoffe, Glykoside und Flavonoide sowie Vitamin C und Jod.

Baldrian, Echter

Valeriana officinalis
auch Katzenkraut

Steckbrief

Familie:	Geißblattgewächse (*Caprifoliaceae)*
Standort:	Waldrand, Gräben
Wuchshöhe:	80 bis 160 cm
Lebensdauer:	mehrjährig
Blütezeit:	Mai bis August
Blütenfarbe:	rötlich weiß
Blütenblätter:	fünf
Blütenstand:	Dolde
Laubblätter:	gefiedert
Stängel:	gefurcht
Frucht:	Nuss

Verwendbare Pflanzenteile

Blätter, Wurzel

Erntezeit

Blätter:	April
Wurzel:	Sommer

Ist man auf der Suche nach Baldrian, so findet man ihn am ehesten in feuchten Gräben oder am Waldrand. Dort bringt er jährlich aus einer braunen Wurzel zwischen Mai und August auf langen, gefurchten Stängeln viele rötlich weiße Blüten hervor, die in einer Dolde zusammenstehen. Die Blüten werden bis zu fünf Millimeter groß und haben drei Staubfäden. Die gegenständigen, gefiederten, lanzettenförmigen, gesägten Laubblätter sind im unteren Teil der Pflanze langstielig und bis 20 Zentimeter lang, im oberen Stängelbereich haben sie dagegen nur kurze Stiele und sind kleiner. Als Frucht wird eine kleine gelbe Nuss gebildet, die leicht behaart ist.

In der Regel kennt man den Baldrian in der Homöopathie durch seine beruhigende, entspannende Wirkung. Aus der Wurzel lässt sich Tee oder eine Tinktur herstellen, die man vor dem Zubettgehen trinkt oder als Tropfen einnimmt. Katzen lieben den Geruch der Wurzel und fühlen sich von ihm magisch angezogen. Deshalb heißt der Echte Baldrian im Volksmund auch „Katzenkraut".

Eher nicht so bekannt ist der Baldrian in der Küche. Hier verwendet man die frischen jungen Blätter, die vor der Blüte geerntet werden, als Salatbeigabe. Sie erinnern an den Geschmack von Feldsalat. Später im Jahr werden sie bitter.

Die beste Zeit, die Wurzel auszugraben, ist der Hochsommer. Diese muss dann schnell getrocknet werden. Außer zur Tee- oder Tinkturherstellung kann man sie gemahlen vorsichtig als Gewürz für Braten oder Gemüse einsetzen. Außerdem dient sie zur Aromatisierung von Eis und Gebäck, das Apfelaroma erhalten soll. Die Wurzel sollte man in der Küche sparsam einsetzen. Auch der Gebrauch von Tee oder Tinktur sollte vier Wochen nicht übersteigen.

Baldrian enthält ätherische Öle und Valerensäure, die entkrampfend wirkt.

Steckbrief

Familie:	Kreuzblütler (Brassicaceae)
Standort:	Ufer, Wegrand
Wuchshöhe:	30 bis 90 cm
Lebensdauer:	zweijährig
Blütezeit:	Mai bis Juni
Blütenfarbe:	gelb
Blütenblätter:	vier
Blütenstand:	Traube
Laubblätter:	leicht gefiedert, oben eiförmig gezähnt
Stängel:	kantig, unbehaart
Frucht:	Schote

Verwendbare Pflanzenteile

Blätter

Erntezeit

Blätter: September bis März

Barbarakraut, Echtes

Barbarea vulgaris
auch Winterkresse

Will man im Winter einen Wildpflanzensalat zubereiten, ist es oft schwierig, geeignete Zutaten zu finden. Da bietet das Echte Barbarakraut eine gute Alternative. Von September bis in den März hinein lassen sich die auch im Winter grünen Blattrosetten in der Küche verwenden. Gemischt mit anderen Wildpflanzen wie zum Beispiel Pimpernelle, Bachbunge, Gundermann und Wiesenschaumkraut erhält man einen leckeren Salat. Wer möchte, ergänzt diesen mit Sonnenblumenkernen. Als Dressing wählt man die einfache Essig-Öl-Variante. Der Geschmack des Echten Barbarakrauts kommt dem der normalen Gartenkresse sehr nahe: etwas scharf und leicht bitter. Die Blätter des Echten Barbarakrauts haben doppelt so viel Vitamin-C-Gehalt wie Orangen. So kann man vielleicht die eine oder andere Erkältung abwehren.

In Butter gedünstet lässt sich aus den Blättern ein leckeres Spinatgericht zubereiten.

Wer das Echte Barbarakraut finden möchte, sucht am besten an Wegrändern, Gewässersäumen oder Schutthalden. Die zweijährige Pflanze bildet im ersten Jahr die Blattrosetten aus. Erst im zweiten Jahr erscheinen die gelben, vierblättrigen Blüten. Sie stehen traubenartig an dem (im oberen Teil der Pflanze verzweigten) Stängel zusammen. Die Blüten werden etwa acht Millimeter groß und leuchten in dunklem Gelb. Als Frucht wird eine bis zu 25 Zentimeter lange Schote gebildet, die aufrecht eng am Stängel liegt.

Bärenklau, Wiesen-

Heracleum sphondylium
auch Bärentatze

Der Wiesen-Bärenklau kreuzt häufig unseren Weg, wenn wir über Wiesen und an Bachläufen spazieren gehen. Meistens steht der Wiesen-Bärenklau in großen Pflanzengruppen zusammen. Zu erkennen ist er an seinen tatzenförmigen, steif behaarten Laubblättern, die bis zu zehn Zentimeter lang werden können. An einem langen, behaarten Stiel bilden sich in der Blütezeit die großen weißen, bis zu 20-strahligen flachen Dolden. Zu verwechseln ist der Wiesen-Bärenklau leicht mit dem Riesen-Bärenklau und dem Gefleckten Schierling. Beides sind sehr giftige Pflanzen. Insekten besuchen den Wiesen-Bärenklau gern wegen seines Blütennektars. Bei Hasen ist er ein beliebtes Futter. Wahrscheinlich, weil der Geschmack der Pflanze etwas an den der Möhre erinnert.

Doch nicht nur für Hasen und Insekten ist der Wiesen-Bärenklau genießbar. Auch in unserer Küche lässt er sich verwenden. Jedoch sollte man nur die jungen Stängel und Blätter verwenden. Wiesen-Bärenklau ist sehr vitaminreich. Sein Vitamin C-, Kalzium- und Magnesium-Gehalt übersteigt den des Kopfsalates um ein Vielfaches.

Seine saftigen Stängel in etwas Öl braten und als Beilage reichen. Dazu aber vorher die Stängel, ähnlich wie bei Rhabarber, schälen. Die Blätter lassen sich in einem Backteig frittieren oder auch mit anderen Wildkräutern zu einer Suppe verarbeiten.

Vorsicht ist bei der Berührung der Pflanze bei Sonnenlicht geboten. Die Berührung kann zu bläschenartigen Hautausschlägen führen. Deshalb sollte man beim Sammeln und Verarbeiten immer Handschuhe tragen. Der Wiesen-Bärenklau ist leicht giftig.

Steckbrief

Familie:	Doldenblütler *(Apiaceae)*
Standort:	Wiesen, Bachufer, Auwald
Wuchshöhe:	60 bis 200 cm
Lebensdauer:	zweijährig
Blütezeit:	Juni bis Oktober
Blütenfarbe:	weiß
Blütenblätter:	fünf
Blütenstand:	Dolde
Laubblätter:	gefiedert, gelappt, steif behaart
Stängel:	hohl, kantig, behaart
Frucht:	Spaltfrucht

Verwendbare Pflanzenteile

Blätter, Stängel

Erntezeit

Blätter:	April bis August
Stängel:	April bis August

Bärlauch

Allium ursinum
auch Waldknoblauch

Steckbrief

Familie:	Amaryllisgewächse (Amaryllidaceae)
Standort:	Laub- oder Auwald
Wuchshöhe:	10 bis 40 cm
Lebensdauer:	mehrjährig
Blütezeit:	April bis Mai
Blütenfarbe:	weiß
Blütenblätter:	sechs
Blütenstand:	Scheindolde
Laubblätter:	lang, lanzettenförmig, spitz, weich, flach, ganzrandig
Stängel:	kurz
Frucht:	Kapsel

Verwendbare Pflanzenteile
Blätter, Blüten

Erntezeit

Blätter:	März, April
Blüten:	April, Mai

Was duftet im zeitigen Frühjahr beim Waldspaziergang an feuchten Standorten so intensiv nach Lauch? Es wird wohl eine große Menge an Bärlauchpflanzen sein. Aus ihrer Zwiebel treiben im März oder April die langen, dunkelgrünen Blätter aus und verströmen einen starken Geruch. Diese sind kurzgestielt, grundständig, ganzrandig und weich. Ab April erscheinen an langen, blattlosen Stielen weiße, wie Sterne aussehende, etwa 10 Millimeter große Blüten, die in lockeren Dolden angeordnet sind. Auch diese duften. Der Bärlauch erreicht eine Wuchshöhe von bis zu 40 Zentimeter und kann vor dem Blütenaustrieb mit dem giftigen Maiglöckchen oder den Blättern der Herbstzeitlose verwechselt werden, die ebenfalls giftig ist.

Jedoch kann man sich schon beim Sammeln auf den Lauchgeruch der Blätter verlassen. Will man den Bärlauch in der Küche verwenden, sollte man die jungen Blätter vor der Blüte ernten. Nach der Blüte bleibt einem dazu eh keine Zeit mehr. Denn die Bärlauchpflanze verschwindet dann wieder im Waldboden und wartet geduldig bis zum Blattaustrieb im nächsten Frühjahr.

Aus Bärlauch lassen sich die unterschiedlichsten Gerichte zaubern: von Pesto, Brotaufstrich, in Salat, über Gratin, Gemüse oder als Suppe. Ideal ist die rohe Verwendung, da durch das Erhitzen das Knoblaucharoma doch sehr nachlässt. Blüten dienen als schmackhafte Dekoration, die Knospen lassen sich zu „Falschen Kapern" einlegen.

Und das Beste daran: Nach dem Verzehr von Bärlauch bleibt den Mitmenschen der lästige Duft von Knoblauch erspart. Bärlauch ist reich an ätherischen Ölen, Mineralien und Vitamin C und wird in der Heilkunde als blutreinigendes und antibakterielles Mittel verwendet. Hierzu wird aus den Blättern eine Tinktur angesetzt, die bei Bedarf eingenommen wird.

Rezeptvorschlag:

Bärlauch-Reibekuchen

für drei Portionen
1 Handvoll Bärlauchblätter, frisch | 250 g Magerquark | 750 g Kartoffeln | 1 Zwiebel | 1 bis 2 Eier | 1 bis 2 EL Stärke oder Mehl | Salz, Pfeffer | Öl zum Ausbacken

Kartoffeln und Zwiebel schälen. Beides fein reiben. Am schnellsten geht das mit der Küchenmaschine. Die Masse auf einem feinen Küchensieb etwas abtropfen lassen. Dann in eine Rührschüssel füllen. Magerquark und Eier unter die Kartoffel-Zwiebel-Masse rühren. Den Bärlauch waschen, mit Küchenpapier abtrocknen, klein schneiden und ebenfalls unterheben. Das Ganze mit Salz und Pfeffer abschmecken.

Öl in einer Pfanne erhitzen. Portionsweise aus der Masse kleine Reibekuchen ausbacken. Noch heiß servieren.

Bärwurz, Gewöhnliche

Meum athamanticum
auch Bärenfenchel

Steckbrief

Familie:	Doldenblütler (Apiaceae)
Standort:	Wiese, Laubwald
Wuchshöhe:	10 bis 60 cm
Lebensdauer:	mehrjährig
Blütezeit:	Mai bis Juni
Blütenfarbe:	weiß
Blütenblätter:	fünf
Blütenstand:	Dolde
Laubblätter:	gefiedert, schmal, lang, weich
Stängel:	hohl, kantig, gerillt, kahl
Frucht:	Spaltfrucht

Verwendbare Pflanzenteile
Blätter

Erntezeit
Blätter: Mai bis Juni

Wenn man Bärwurz hört, denken viele vielleicht zuerst einmal an den würzigen Bärwurz-Schnaps, der im Bayerischen Wald heimisch ist. Dieser wird jedoch nicht aus der Gewöhnlichen Bärwurz hergestellt, sondern vielmehr aus der Alpen-Mutterwurz (*Ligusticum mutellina*), die auch Bärwurz genannt wird und unter Naturschutz steht. Für die Schnaps-Produktion wird sie daher extra angebaut. Beide Pflanzen sehen sich auch sehr ähnlich, wobei die Alpen-Mutterwurz kleiner ist.

Die Gewöhnliche Bärwurz findet man in Höhenlagen ab 400 Meter. Sie treibt im Frühjahr aus einer faserigen Wurzel längliche Laubblätter aus, die denen von Dill oder Fenchel stark ähneln. Auf langen Stängeln erscheinen in der Blütezeit weiße, sternförmige, etwa drei Millimeter große Blüten, die an einer bis zu 13-strahligen Dolde zusammenstehen.

Die Laubblätter verströmen einen würzig-aromatischen Duft von Fenchel oder Liebstöckel und der Geschmack der Bärwurz ähnelt dem der Petersilie. Deshalb lässt sich das frische Kraut auch so verwenden. Als Würze in Salat, in Suppen oder Dressings. Vielleicht schmeckt Ihnen auch ein Kräuter-Quark mit Bärwurz? Dieser ist schnell gemacht und passt gut zu Rohkostgemüse wie Möhren, Stangensellerie oder auch Gurken. Dazu verrührt man zu gleichen Teilen Magerquark und Frischkäse, gibt gehackte frische Bärlauchblätter sowie Schnittlauch hinzu und schmeckt das Ganze mit Pfeffer und Salz ab. Sollte die Masse noch nicht cremig genug sein, kann man noch etwas Sahne hinzugeben.

Gewöhnliche Bärwurz enthält ätherische Öle und Bitterstoffe. Diese sind appetitangregend, entschlackend und wichtig für einen gesunden Magen-Darm-Trakt. In der Heilkunde wird Tee oder eine Tinktur aus den frischen Bärwurz-Blättern angewendet.

Beifuß, Gewöhnlicher

Artemisia vulgaris
auch Gewürzbeifuß

Der Gewöhnliche Beifuß ist eine robuste, anspruchslose Pflanze. Er gedeiht deshalb auch eigentlich überall dort, wo es karge, durchlässige Böden gibt. Im Laufe der Jahre wird die Pflanze immer buschiger und größer. An einem aufrechten, holzigen, rötlichen Stängel wachsen in der Blütezeit unscheinbare kleine, etwa vier Millimeter große Blüten, die in einer dichten Rispe angeordnet sind. Sie sind gelblich und verfärben sich später rötlich braun. Die dunkelgrünen, unterseits weiß behaarten, wechselständig stehenden Laubblätter im oberen Bereich der Pflanze sind lanzettenförmig, im unteren Bereich jedoch gefiedert. Sie werden bis etwa 10 Zentimeter lang. Der Beifuß gilt eher als Unkraut und wird deshalb auch oft nicht weiter beachtet. Leicht verwechseln kann man die Pflanze mit der Beifuß-Ambrosie oder auch Beifußblättriges Traubenkraut (*Ambrosia artemisiifolia*). Diese löst beim Menschen oft heftige allergische Reaktionen aus. Die Beifuß-Ambrosie lässt sich aber aufgrund ihres beiderseitig grünen und unbehaarten Blattes recht gut von dem Gewöhnlichen Beifuß unterscheiden.

Steckbrief

Familie:	Korbblütler (*Asteraceae*)
Standort:	Wege, Gestrüpp, Schuttplätze
Wuchshöhe:	60 bis 150 cm
Lebensdauer:	mehrjährig
Blütezeit:	Juli bis September
Blütenfarbe:	gelb bis rotbraun
Blütenblätter:	mehr als fünf
Blütenstand:	Rispe
Laubblätter:	lanzettig, Blattunterseite weiß, filzig behaart bzw. gefiedert wechselständig
Stängel:	rund, gerillt, holzig, unbehaart, rötlich
Frucht:	Nuss

Verwendbare Pflanzenteile
Blüten

Erntezeit

Blüten: August bis Oktober

Allerdings lässt er sich in der Küche durchaus gut einsetzen. Da er viele Bitterstoffe und ätherische Öle enthält, lässt sich manche fette Speise durch die Zugabe von Beifuß für den Magen verdaulicher zubereiten. Hierzu verwendet man die getrockneten Beifußtriebe mit den Blüten als Gewürz. Häufig findet man Beifuß als Zugabe bei der Füllung von Gans oder fetten Fleischgerichten. Wenn man nach dem Gänsebraten noch Fett übrig hat, lässt sich daraus ein leckeres Beifuß-Gänseschmalz herstellen. Hierfür schneidet man etwa 250 Gramm hart gewordenes Gänsefett, eine Zwiebel, einen säuerlichen Apfel (am besten Boskop oder Elstar) klein. Alles in eine Pfanne geben und unter Zugabe von zwei Esslöffeln Wasser gut durchbraten. Am Ende einige Triebe des Beifuß beifügen und noch eine Weile auf dem Herd weiterbraten. Mit Salz und Pfeffer abschmecken. Die Beifußtriebe entfernen und das Schmalz in ein Töpfchen mit Deckel füllen. Kühl stellen. Auf frisches Schwarzbrot streichen und es sich schmecken lassen.

Berberitze, Gewöhnliche

Berberis vulgaris
auch Sauerdorn

Steckbrief

Familie:	Berberitzengewächse (Berberidaceae)
Standort:	Wälder, Gebüsch
Wuchshöhe:	bis 2,50 m
Lebensdauer:	mehrjährig
Blütezeit:	Mai bis Juni
Blütenfarbe:	gelb
Blütenblätter:	sechs
Blütenstand:	Traube
Laubblätter:	eiförmig, gezähnt, kurzer Stiel
Rinde:	hellgrün bis gelblich grau, glatt
Frucht:	Beere

Verwendbare Pflanzenteile
Beeren

Erntezeit
Beeren: August bis Oktober

Die Gewöhnliche Berberitze ist im lichten Wald und Gebüsch zu Hause, wird aber auch als Gartenhecke angepflanzt. Der Strauch, der eine Wuchshöhe von bis zu 2,50 Meter erreichen kann, trägt an dornigen Zweigen ab Mai schöne gelbe Blüten. Diese sind etwa vier Millimeter lang, stehen in dichten Trauben zusammen und haben einen unangenehmen Duft. Die Blätter sind eiförmig mit gesägtem Rand. Sie zeigen im Herbst eine wunderschöne Rotfärbung, die dann mit den roten Beeren um die Wette leuchtet. Manchmal findet man Beeren und Blüten auch gleichzeitig am Strauch. Die Beeren sehen aus wie kleine Keulen. Sie enthalten zwei, zuweilen auch drei kleine Samen. Manchmal kann man etwas über deren Giftigkeit lesen. Das Berberin wurde aber in den Früchten und Samen meistens nicht nachgewiesen. Alle anderen Pflanzenteile der Gewöhnlichen Berberitze sind stark giftig. Schon eine geringe verzehrte Menge von Blättern, Wurzel oder Rinde führt zu Vergiftungserscheinungen.

Die Beeren sind vom Geschmack her sauer und enthalten viel Vitamin C. Getrocknete Berberitzen sind ein gesunder Snack für zwischendurch oder werten jedes Müsli auf. Außerdem helfen sie beim Entschlacken. Wichtig, wenn man abnehmen möchte. Frische Früchte lassen sich in Kombination mit anderen Obstsorten wie zum Beispiel Apfel oder Birne zu Marmelade oder Gelee verarbeiten. Auch Chutney aus Berberitze, Apfel und Ingwer, verfeinert mit Curry und Honig, ist ein leckerer Begleiter zu Fleischgerichten.

Bergminze, Echte

Calamintha nepeta agg.
auch Kleine Bergminze

An trockenen und eher steinigen Plätzen ist die Echte Bergminze zu Hause. An einem aufrechten, behaarten Stängel erscheinen während der Blütezeit im oberen verzweigten Bereich der Pflanze viele, etwa einen Zentimeter lange, hellviolette bis weiße Blüten, die wie kleine Orchideen aussehen. Sie stehen quirlartig um den Stängel herum und verströmen einen starken, angenehmen, aromatischen Geruch. Die Laubblätter sind behaart, eiförmig und gegenständig angeordnet. Sie werden etwa vier Zentimeter lang. Insgesamt wächst die Pflanze eher buschig.

Die Echte Bergminze besitzt einen würzigen Geschmack nach Oregano und enthält nicht so viel Menthol wie andere Minzesorten. Deshalb ist sie auch milder im Geschmack. Verarbeiten lassen sich die Blätter und Blüten. Aus den Blättern lässt sich ein Tee zubereiten. Blüten sind essbare Dekoration für Salat. Die Echte Bergminze enthält ätherische Öle. Zusammen mit getrocknetem Lavendel, Rosenblüten, Rosmarin, Hopfen, Ysop und Melisse kann man sich ein Kräuterkissen herstellen. Bei Erkältung dieses auf die Brust legen und die ätherischen Öle inhalieren.

Aus Steinpilzen und Bergminze läßt sich eine leckere Vorspeise herstellen. Dazu benötigt man vier Steinpilze, vier Esslöffel gutes Olivenöl, zwei fein gehackte Knoblauchzehen, zwei Zweige Echte Bergminze, Salz und einige Scheiben herzhaftes Stangenbrot (etwa einen Zentimeter dick geschnitten). Die Steinpilze gründlich bürsten, um sie von Schmutz zu befreien. Dann in Scheiben schneiden. Olivenöl in einer Pfanne erhitzen. Den gehackten Knoblauch und die Kräuter dazugeben. Wenn der Knoblauch goldgelb ist, die geschnittenen Steinpilze hinzugeben und einige Minuten anbraten. Mit Salz abschmecken. Die Brotscheiben rösten und mit etwas Olivenöl beträufeln. Die Bergminzenzweige entfernen und die Steinpilze auf den Brotscheiben anrichten. Noch warm servieren.

Steckbrief

Familie:	Lippenblütler *(Lamiacea)*
Standort:	Mauern, Wege, Schuttplätze
Wuchshöhe:	bis 50 cm
Lebensdauer:	mehrjährig
Blütezeit:	Juni bis September
Blütenfarbe:	hellviolett
Blütenblätter:	symmetrisch verwachsen
Blütenstand:	Quirl
Laubblätter:	eiförmig, rund, gezähnt, behaart, gegenständig
Stängel:	kantig, behaart, rötlich bis grün, im oberen Bereich verzweigt
Frucht:	Nuss

Verwendbare Pflanzenteile
Blätter, Blüten

Erntezeit

Blätter:	April bis Juli
Blüten:	Juli bis September

Steckbrief

Familie:	Korbblütler *(Asteraceae)*
Standort:	Schuttplätze, Brachland
Wuchshöhe:	20 bis 100 cm
Lebensdauer:	einjährig
Blütezeit:	Juni bis Oktober
Blütenfarbe:	weiß
Blütenblätter:	mehr als fünf
Blütenstand:	Rispe
Laubblätter:	lanzettig, schmal, lang, etwas gezähnt, behaart
Stängel:	hart, steif, behaart
Frucht:	Nuss

Verwendbare Pflanzenteile

Blätter, Blüten

Erntezeit

Blätter:	April bis Juni
Blüten:	Juni bis Oktober

Berufkraut, Kanadisches

Conyza canadensis
auch Katzenschweif

Das Ursprungsland des Kanadischen Berufkrauts ist Amerika. Vor einigen hundert Jahren siedelte es sich hier an und hat sich seitdem sehr verbreitet. Auf kargen Böden fühlt es sich wohl und bildet an einem langen Stängel, der im oberen Pflanzenabschnitt verzweigt ist, viele hundert kleine weiße Korbblüten aus, die endständig stehen. Diese sind etwa vier Millimeter groß. Die Blüten erinnern an die der Gänseblümchen. Die Laubblätter sind schmal und lang. Da das Kanadische Berufkraut viele Blüten hervorbringt, ist auch die Samenanzahl beachtlich. Es können pro Pflanze bis zu 200.000 gebildet werden, die dann als Pusteblume vom Wind verbreitet werden.

Das Kanadische Berufkraut enthält hauptsächlich ätherische Öle, Gerbstoffe und Flavonoide. Der Geschmack von Blättern und Blüten ist scharf-würzig und erinnert an den von Pfeffer.

In der Küche ist das Kanadische Berufkraut vielseitig verwendbar. Die Blätter und Blüten lassen sich gut in Salat oder Kräuterbutter verwenden, aus den Knospen kann man „Falsche Kapern" herstellen. Machen Sie sich doch einmal ein Sandwich zurecht. Hierzu einfach zwei Sandwichbrotscheiben diagonal durchschneiden, damit man die typische Sandwichform erhält. Die Brothälften mit Butter bestreichen und mit fein gehackten Gartenkräutern und einigen Blüten des Kanadischen Berufkrauts bestreuen. Belegt wird diese Hälfte dann mit frischen Tomaten- oder Gurkenscheiben, Käse, Schinken und hartgekochten, in Scheiben geschnittenen Eiern. Das letzte Brotdreieck als Deckel obenauf setzen. Fertig ist der Sandwich.

Bibernelle, Kleine

Pimpinella saxifraga
auch Steinpetersilie

Die Kleine Bibernelle ist ein Doldengewächs, das man an trockenen, lichten Standorten auf kalkhaltigem, magerem Boden antrifft. Oft wird auch der Kleine Wiesenknopf (*Sanguisorba minor*) im Volksmund als Bibernelle oder Pimpernelle bezeichnet. Dieser hat jedoch rötliche Blüten. Die Kleine Bibernelle bringt an einem runden, gerillten Stängel, der im oberen Bereich verzweigt, weiße kleine Blüten hervor, die zu einer Dolde schirmartig zusammenstehen. Die Dolde besitzt etwa acht bis 15 einzelne Strahlen. Man kann die Kleine Bibernelle gut daran erkennen, dass sie keine Hüll- oder Kelchblätter besitzt. Dennoch ist Vorsicht geboten. Denn leicht kann man die Doldenblütler verwechseln und man erwischt eine giftige Spezies, wie zum Beispiel den Gefleckten Schierling (*Conium maculatum*).

Nun zurück zur Kleinen Bibernelle. Die gesamte Pflanze ist ungiftig. Sie wird meistens als Gewürzpflanze eingesetzt. Ihr Geschmack ist würzig, pfeffrig, der Blütengeruch etwas süß. Blüten eignen sich als Aromastoff in Getränken oder als essbare Dekoration, aus den Samen lässt sich ein Kräutersalz herstellen. Die Wurzel kommt vor allem in der Homöopathie zum Einsatz. Bei Bronchitis kocht man einen Tee zur Schleimlösung aus der Wurzel, der, mit Honig gesüßt, auch gern von Kindern getrunken wird.

Die Blätter eignen sich sehr gut für Kräuterquark oder als Bestandteil in Kräuteressig. Diesen stellt man her, indem man hellen Essig zusammen mit vielen Bibernelle-Blättern, Petersilie und Zitronenmelisse in eine helle Flasche gibt. Die gefüllte Flasche für zwei bis drei Wochen an einen warmen Ort stellen, bis der Essig gebrauchsfertig ist.

Steckbrief

Familie:	Doldenblütler (*Apiaceae)*
Standort:	auf mageren Böden
Wuchshöhe:	bis 50 cm
Lebensdauer:	mehrjährig
Blütezeit:	Juni bis Oktober
Blütenfarbe:	weiß-gelb
Blütenblätter:	fünf
Blütenstand:	Dolde
Laubblätter:	rund, gefiedert, gezähnt, behaart, wechselständig
Stängel:	rund, gerillt, fein behaart
Frucht:	Spaltfrucht

Verwendbare Pflanzenteile

Blätter, Blüten, Samen, Wurzel

Erntezeit

Blätter:	April bis Juni
Blüten:	Juli bis Oktober
Samen:	August bis September
Wurzel:	September bis Mai

Birke, Gemeine

Betula pendula
auch Maibaum

Steckbrief

Familie: Birkengewächse *(Betula)*
Standort: Wegrand, lichter Wald
Wuchshöhe: 5 bis 25 m
Lebensdauer: bis 150 Jahre
Blütezeit: März bis April
Blütenfarbe: gelb, braun
Blütenblätter: vier
Blütenstand: Kätzchen
Laubblätter: eiförmig, gestielt, gesägt, wechselständig
Rinde: rissig, weiß-schwarz
Frucht: Nuss

Verwendbare Pflanzenteile
Blätter, Saft

Erntezeit
Blätter: Mai bis Juni
Saft: März bis Mai

Die Birke ist ein elegant aussehender Baum. Mit ihren luftigen dünnen Ästen, dem relativ schmalen weiß-schwarzen Stamm und den sich leicht wiegenden Zweigen schmückt sie gern Wegränder oder Waldsäume. Bevor die eiförmigen, hellgrünen, leicht klebrigen Blätter erscheinen, treten die Blüten auf. Es sind kleine Kätzchen. Die männlichen haben überwintert, sind gelblich braun, hängend und etwa zehn Zentimeter lang; die weiblichen Blüten dagegen grün und stehend und nur etwa vier Zentimeter lang. Als Samen werden kleine, geflügelte, etwa drei Millimeter große Nüsschen gebildet, die durch den Wind weitergetragen werden. Die Rinde der Birke ist in jungen Jahren noch glatt und silbrig weiß, später reißt sie auf und bekommt ihr typisches Birkenaussehen. Birken sind schnellwachsende und anspruchslose Bäume, was den Boden angeht. Wichtig ist jedoch, dass sie genügend Licht bekommen. Die Birke ist Baum des Jahres 2000.

Von der Birke werden in der Küche hauptsächlich die Blätter verwendet. Sie enthalten Vitamin C, ätherische Öle, Flavonoide, Saponine und Gerbstoffe. Im Frühjahr lässt sich aus dem Stamm Birkensaft zapfen. Vorher aber den Förster fragen, ob er das Zapfen genehmigt. Der Saft ist süßlich und nicht lange haltbar. Will man ihn länger verwenden, sollte man ihn entweder mit Zucker aufkochen oder durch die Zugabe von etwa vier Gewürznelken und etwas Zimt pro Flasche haltbarer machen.

Junge Birkenblätter lassen sich roh verzehren. Je später im Jahr, desto herber schmecken sie. Backen Sie doch einmal die jungen Blätter in Butter aus. Würzen Sie sie mit etwas Salz oder Zucker. Ein kleiner, einfacher Snack für zwischendurch.

Wer einen harntreibenden Birkenblättertee zubereiten möchte, nimmt entweder junge Blätter oder greift auf getrocknetes Kraut zurück.

Rezeptvorschlag:

Frühjahrs-Birken-Cocktail

500 ml Saft der Birke | 125 ml weißen Traubensaft | 80 ml herben Wein | 1/2 EL Minzlikör | 200 g Zuckersirup | Zitronensäure

Den Birkensaft mit den Zutaten verrühren. Abseihen und, je nach Vorliebe, mit etwas Zitronensäure abschmecken.

Blutweiderich, Gewöhnlicher

Lythrum salicaria
auch Stolzer Heinrich

Steckbrief

Familie:	Weiderichgewächse (*Lythraceae*)
Standort:	Wiesen, Gräben, Ufer
Wuchshöhe:	60 bis 150 cm
Lebensdauer:	mehrjährig
Blütezeit:	Juni bis September
Blütenfarbe:	rot-violett
Blütenblätter:	sechs
Blütenstand:	Traube
Laubblätter:	lanzettig, schmal, lang, etwas gezähnt, weich behaart, ungestielt, gegenständig
Stängel:	hart, aufrecht, behaart, rötlich-grün, vierkantig
Frucht:	Kapsel

Verwendbare Pflanzenteile

Blätter, Blüten

Erntezeit

Blätter:	April bis Mai
Blüten:	Juni bis September

Der Gewöhnliche Blutweiderich fällt durch seine Größe und die wunderschöne Blütenfarbe ins Auge. Er steht am liebsten auf feuchtem Boden. Dort entwickelt er sich prächtig und treibt jedes Jahr aus einem Rhizom neue Triebe. Der Stängel des Gewöhnlichen Blutweiderichs ist kantig, flaumartig behaart. An diesem bilden sich die rot-violetten Blüten, die etwa zwei Zentimeter groß sind und dicht an dicht eine Blütentraube bilden. Die etwa zehn Zentimeter langen, schmalen Laubblätter sitzen im unteren Teil der Pflanze gegenständig, im oberen oft auch wechselständig. Als Samen bildet sich eine Kapsel. Jede Pflanze kann mehrere Millionen Samen hervorbringen.

Der Gewöhnliche Blutweiderich enthält hauptsächlich Gerbstoffe, ätherische Öle und Harze. Seine Wirkung als Heilpflanze steckt schon in seinem Namen. Der Gewöhnliche Blutweiderich gilt als blutstillend und wird als Tee bei leichten inneren Blutungen wie zum Beispiel Nasenbluten oder Zahnfleischbluten empfohlen. Ebenso bei Durchfallerkrankungen soll er durch seine antibakterielle Wirkung helfen.

Im Großen und Ganzen schmecken die Blätter und Blüten würzig, leicht bitter. Dennoch kann man sie in geringer Menge gut als Zugabe von Salat verwenden. Vor allem die jungen Triebe haben noch einen obstähnlichen Beigeschmack. Als Soßeneinlage dünstet man sie zusammen mit Zwiebeln in Butter und gibt sie dann, mit Mehl abgebunden, in Brühe. Diese reicht man zu Kartoffel- oder Fleischgerichten.

Bocksbart, Wiesen-

Tragopogon pratensis
auch Zuckerblume

Steckbrief

Familie:	Korbblütler *(Asteraceae)*
Standort:	auf fetten Wiesen
Wuchshöhe:	50 bis 80 cm
Lebensdauer:	zweijährig
Blütezeit:	Mai bis August
Blütenfarbe:	gelb
Blütenblätter:	mehr als fünf
Blütenstand:	Einzelblüte
Laubblätter:	lang, schmal, spitz, ungestielt, grundständig
Stängel:	hohl, kantig, grün, rötlich, enthält milchigen Saft
Frucht:	Nuss

Verwendbare Pflanzenteile
Blätter, Blüten, Stängel, Wurzel

Erntezeit

Blätter:	April bis Juni
Blüten:	Mai bis Juli
Stängel:	April
Wurzel:	April

Es gibt auf den Wiesen eine Pflanze, die dem Löwenzahn sehr ähnelt. Es ist der Wiesen-Bocksbart. Bei näherem Hinsehen erkennt man jedoch die Unterschiede. Der Wiesen-Bocksbart ist größer, seine etwa fünf Zentimeter große Blüte besitzt einen sichtbaren dunkelgelben Korb mit roten Linien und die Blattform ähnelt dem eines Grashalms. Der Samenstand, der bis zu fünf Zentimeter lange Schirmchen besitzt, ist eine sehr große Pusteblume.

Das Besondere am Wiesen-Bocksbart ist die Zeit, in der er die Blüten öffnet. Regen mag er nicht. Da bleiben die Blüten geschlossen. Auch bei schönem Wetter ist der Wiesen-Bocksbart eigen: Die Blüten öffnen sich nur in den Vormittagsstunden. Diese Zeit müssen Insekten nutzen, um den Wiesen-Bocksbart zu bestäuben.

Der Wiesen-Bocksbart enthält Kohlenhydrate, Lipide, Inulin und Gerbstoffe. Er soll blutreinigend, schweiß- und harntreibend wirken.

Außer den Samen sind alle Pflanzenteile verwendbar. Blätter, Blüten und Stängel ergänzen den Salat als Zutat. Junge Stängel und die geschlossene Knospe eignen sich als Spargelersatz. Die Wurzel verarbeitet man am besten im April. Da ist sie noch schön zart und geht in die Geschmacksrichtung von Schwarzwurzeln. So lassen sich die Wurzeln auch zubereiten. Man nimmt frische, sauber gebürstete Wiesen-Bocksbartwurzeln und schneidet diese in gleichmäßige Stücke. Etwas Zitronensaft in 1/4 Liter Wasser zum Kochen bringen, die Wurzelstücke hinzugeben und weichkochen lassen. Klein geschnittene Zwiebelstückchen in Butter glasig dünsten, mit Mehl bestäuben. Etwas Kochwasser hinzugeben und kurz aufwallen lassen. Die Mehlschwitze salzen, pfeffern und mit fein gehackten Kräutern wie Dill oder Schnittlauch abschmecken. Mit einem Eigelb legieren. Die heißen Wurzelstücke in eine Schüssel geben und mit der Kräutersoße übergießen.

Borretsch

Borago officinalis
auch Blauhimmelstern

Steckbrief

Familie:	Raublattgewächse *(Boraginaceae)*
Standort:	Brachland, Schuttplätze
Wuchshöhe:	50 bis 70 cm
Lebensdauer:	einjährig
Blütezeit:	Mai bis September
Blütenfarbe:	blau
Blütenblätter:	fünf
Blütenstand:	Rispe
Laubblätter:	eiförmig, spitz, rau behaart, kurzgestielt, gewellter Rand, wechselständig
Stängel:	hohl, gefurcht, grün, verzweigt, rau behaart
Frucht:	Nuss

Verwendbare Pflanzenteile
Blätter, Blüten

Erntezeit

Blätter:	März bis Mai
Blüten:	Mai bis September

Der Borretsch stammt eigentlich aus dem Mittelmeerraum. Im Laufe der Zeit hat er sich aber auch bei uns angesiedelt. Man findet ihn wild auf durchlässigem Boden. Kultiviert kommt er wahrscheinlich in fast jedem Hausgarten vor. Die einjährige Pflanze muss sich immer wieder neu aussäen, damit der Bestand erhalten bleibt. Im Frühjahr keimen dann die in den Boden gefallenen oder von Ameisen mittransportierten etwa fünf Millimeter großen braunen Nussfrüchte. Anfangs stehen die Laubblätter noch rosettenförmig und sind etwa 20 Zentimeter lang. Die oberen Laubblätter wachsen an einem dicken, hohlen, verzweigten, saftigen Stängel und sind kleiner. Zunächst sind sie noch weich, später rau und stachelig behaart. Die Blüte des Borretsch ist wunderschön anzusehen. Himmelblau leuchten die sternförmigen, etwa drei Zentimeter großen Blüten. Sie stehen an kurzen, nach unten hängenden, rötlichen Stielen an einer lockeren Rispe zusammen.

Der Borretsch schmeckt gurkenähnlich und wird gern zusammen mit Dill, Schnittlauch und Petersilie im Salatdressing verwendet. Aber immer nur frisch verwenden, da das Aroma beim Trocknen verloren geht. Die blauen Blüten eignen sich als essbare Dekoration oder auch in einem Glas Sekt. Borretsch ist fester Bestandteil der typischen „Frankfurter Grünen Soße". Sie kommt in Frankfurt am Main traditionell am Gründonnerstag zusammen mit hartgekochten Eiern und Kartoffeln auf den Tisch. Hierzu verwendet man jeweils einen Bund von Borretsch, Petersilie, Kerbel, Pimpernelle, Kresse, Sauerampfer und Schnittlauch, fein gehackt. Diese in eine Mischung aus 200 Gramm saurer Sahne oder Schmand, 500 Gramm Naturjoghurt und 500 Gramm Mayonnaise einrühren. 10 hartgekochte Eier zerkleinern. Dann alles zusammen in eine Schüssel geben und verrühren. Mit Salz und Zitronensaft abschmecken. Davon sollten vier Personen satt werden.

Borretsch enthält vorwiegend Gerbstoffe, Flavonoide und Pyrrolizidinalkaloide, die leicht toxisch sind, sowie Schleimstoffe.

Braunelle, Kleine

Prunella vulgaris
auch Kleine Brunelle

Die Kleine Braunelle ist eine immergrüne Pflanze, die man häufig am Wegrand, auf feuchten Wiesen und in lichten Wäldern findet. Schaut man sich die kleine Pflanze genauer an, entdeckt man schöne kleine, orchideenartige blaue Blüten, die endständig zu Vielen kolbenartig angeordnet sind. Die Einzelblüte ist etwa acht Millimeter groß, der gesamte Blütenstand bis etwa vier Zentimeter. Zwei Laubblätter stehen direkt unter dem Blütenstand und rahmen ihn ein. Insgesamt wächst die Kleine Braunelle aufrecht an einem locker behaarten, grünen Stängel, der rote Streifen aufweist. Die Laubblätter werden etwa vier Zentimeter lang und stehen gegenständig.

Die Kleine Braunelle enthält hauptsächlich Gerbstoffe, Bitterstoffe sowie Flavonoide. In der Heilkunde wird sie oftmals als antibiotisches Mittel eingesetzt oder auch bei Magen-Darm-Problemen. Hierfür mixt man eine Tinktur oder brüht einen Tee aus dem getrockneten Kraut der Pflanze.

Da der Geschmack der Kleinen Braunelle eher herb ist, sollte man die Blätter und Blüten in Speisen sorgsam einsetzen. Als frischen Belag auf Butterbrot zusammen mit anderen frischen Wildkräutern ist sie durchaus schmackhaft. Auch in einer Lauchsuppe macht sie sich gut. Dazu werden drei Lauchstangen geputzt und in dünne Ringe geschnitten. Die Lauchringe mit zwei Handvoll fein gehackten Braunellentrieben und etwa 50 Gramm Instant-Haferflocken (diese machen die Suppe sämiger) in Butter dünsten. Dann einen Liter Gemüsebrühe zugeben und das Ganze weich kochen. Mit 1/8 Liter süßer Sahne, Salz, Pfeffer und etwas frisch geriebener Muskatnuss abschmecken. Wer mag, gibt noch etwas Käse in die Suppe. Dazu ein deftiges Bauernbrot reichen.

Steckbrief

Familie:	Lippenblütler *(Lamiaceae)*
Standort:	Wiesen, lichte Wälder
Wuchshöhe:	15 bis 30 cm
Lebensdauer:	mehrjährig
Blütezeit:	Juni bis November
Blütenfarbe:	violett
Blütenblätter:	symmetrisch verwachsen
Blütenstand:	Kolben aus vielen Einzelblüten
Laubblätter:	eiförmig oval, spitz, behaart, meist gezähnt, ganzrandig, gegenständig
Stängel:	vierkantig, grün bis rötlich überlaufen, aufrecht, behaart
Frucht:	Spaltfrucht

Verwendbare Pflanzenteile
Blätter, Blüten

Erntezeit

Blätter:	April bis Mai
Blüten:	Mai bis September

Brennnessel, Große

Urtica dioica
auch Haarnessel

Steckbrief

Familie:	Brennnesselgewächse *(Urticaceae)*
Standort:	Wege, Hecken
Wuchshöhe:	60 bis 150 cm
Lebensdauer:	mehrjährig
Blütezeit:	Juni bis Oktober
Blütenfarbe:	grün
Blütenblätter:	vier
Blütenstand:	Rispe
Laubblätter:	lanzetten- oder herzförmig, stark gesägt, gestielt, gegenständig, Brennhaare
Stängel:	steif, aufrecht, vierkantig, Brennhaare
Frucht:	Nuss

Verwendbare Pflanzenteile
Blätter

Erntezeit
Blätter: April bis Juni

Die Große Brennnessel ist häufig an Wegrändern, Gräben oder Schuttplätzen anzutreffen. Mit einer Wuchshöhe von bis zu 150 Zentimeter fällt sie durchaus auf. Die grünlichen Blüten sind eher unscheinbar und stehen an längeren, hängenden Rispen knäuelartig zusammen. Der Stängel ist aufrecht und steif, die Laubblätter werden bis zu 15 Zentimeter lang. Beide Pflanzenteile sind mit Brennhaaren besetzt.

Jeder hat bestimmt schon einmal die Erfahrung mit den Brennhaaren der Großen Brennnessel gemacht. Sie sind zur Abwehr von Fressfeinden gedacht. Die Brennhaare sind wie kleine Nadeln mit Widerhaken aufgebaut. Wenn man mit ihnen in Berührung kommt, brechen sie ab, bohren sich in die Haut und setzen einen Säuremix frei. Dieser führt dann zu der bekannten Quaddelbildung auf der Haut. Dennoch ist die Große Brennnessel ein wichtiger Nahrungslieferant für Schmetterlingsraupen.

Aber auch wir können von der Großen Brennnessel profitieren. Jedoch sollte man bei der Ernte unbedingt Handschuhe tragen. Weiterhin ist das zeitige Frühjahr die beste Erntezeit, da dann die Brennhaare noch nicht weit ausgebildet sind.

Die Brennnesselblätter haben einen spinatähnlichen Geschmack. Und so lassen sie sich unter anderem auch zubereiten. In der Spitzengastronomie wird die Große Brennnessel mittlerweile gern serviert. Wer beim Essen Angst vor den Brennhaaren hat, kann vor der Zubereitung die Blätter in ein Geschirrtuch geben und mit dem Nudelholz darüber hinwegrollen. Dies ist allerdings eher unnötig. Beim Kochen verlieren sie ihre Wirkung. Dies gilt auch bei Zugabe eines essigsauren Salatdressings zu den Blättern.

Die Große Brennnessel ist reich an Vitaminen und Mineralstoffen. Hauptsächlich Vitamin C, Eisen, Carotin und Kalzium sind hierbei beachtlich.

In der Heilkunde wird die Pflanze als entschlackendes, harntreibendes, vitalisierendes und durchblutungsförderndes Mittel eingesetzt.

Rezeptvorschlag:

Pizza con ortica

Teig: 500 g Mehl (Type 405) | 1 Würfel Frischhefe | 8 EL gutes Olivenöl | 250 ml handwarmes Wasser | 1 TL Meersalz | 1 Prise frisch gemahlenen Pfeffer

Belag: 3 Handvoll junge Brennnesseltriebe | 1 Bund frischen Oregano | 7 Blättchen Rosmarin | 1/2 Bund Basilikum | 1 Knoblauchzehe | 3 Mozzarella | Salz | Pfeffer | Olivenöl

In einer Schüssel Hefe im lauwarmen Wasser auflösen. Mehl, Salz, Pfeffer und Olivenöl hinzugeben. Durchkneten und an einem warmen Ort mindesten eine Stunde zugedeckt gehen lassen. Danach den Teig nochmals durchkneten. Den Teig auf einem mit Backpapier ausgelegten Blech ausrollen. Die Brennnesseltriebe kurz in Wasser blanchieren und abtropfen lassen. Tomatenmark mit dem fein gehackten Basilikum, Rosmarin, der Hälfte des Oregano, der gepressten Knoblauchzehe sowie Pfeffer und Salz verrühren. Gleichmäßig auf dem Teig verteilen. Den übrigen fein gehackten Oregano und die Brennnesseltriebe darauf verteilen. Mit dem in Scheiben geschnittenen Mozzarella belegen. Alles mit etwas Olivenöl benetzen. Im vorgeheizten Backofen (E-Herd) bei 200 °C circa eine halbe Stunde backen.

Steckbrief

Familie:	Rosengewächse *(Rosaceae)*
Standort:	Hecken, Waldrand
Wuchshöhe:	100 bis 200 cm
Lebensdauer:	mehrjährig
Blütezeit:	Mai bis September
Blütenfarbe:	weiß
Blütenblätter:	fünf
Blütenstand:	Scheindolde
Laubblätter:	oval, gezähnt, gefingert, graugrün bis grün, leicht behaart, stachelig gestielt
Stängel:	gefurcht, gebogen, grün bis rötlich, dornig, kletternd
Frucht:	Steinfrucht

Verwendbare Pflanzenteile

Blätter, Früchte

Erntezeit

Blätter:	April
Früchte:	August, September

Rezeptvorschlag:

Genießer-Brombeer-Gelee

für etwa 8 mittelgroße Gläser
900 ml Saft aus frischen Brombeeren, durchpassiert, ungezuckert | 100 ml Aceto Balsamico | 2 Päckchen Vanillezucker | 1 EL echten Kakao | 500 g Gelierzucker 2:1

Das Kakaopulver in etwas kaltem Brombeersaft klümpchenfrei auflösen.

Die übrigen Zutaten in einen Topf geben und mindestens drei Minuten sprudelnd aufkochen. (Am besten richtet man sich nach den Angaben auf der Packung des Gelierzuckers.) Die Kakao-Saft-Mischung dazugeben und erneut kurz aufkochen. Direkt in saubere, vorher ausgekochte Gläser füllen und mit den ebenso sauberen Deckeln verschließen. Eignet sich nicht nur als Aufstrich, sondern auch zu würzigem Käse, Wild oder Fleisch.

Brombeere, Echte

Rubus fruticosus
auch Schwarzbeere

Die Echte Brombeere ist ein kletternder Halbstrauch, der seine Laubblätter im Winter nicht abwirft. Man findet ihn an Hecken, Waldrändern und Böschungen. Oft hält er sich mit seinen Zweigen an anderen Sträuchern fest oder biegt sich selbst wieder nach unten, um dort einzuwachsen. Während der Blütezeit erscheinen etwa zwei Zentimeter große weiße Blüten, die zahlreich doldenartig zusammenstehen. Aus den zahlreichen Fruchtknoten der Blüte entwickeln sich kleine Steinfrüchte, die wir als typische Beere erkennen. Im unreifen Zustand sind die Früchte grün, später rot. Werden sie reif und genießbar, haben sie eine fast schwarze Färbung.

Der gesamte Strauch besitzt stachelige Dornen. Das macht die Ernte der Blätter und Früchte auch eher mühsam. Handschuhe zu tragen ist Pflicht. Die Blätter schmecken herb-aromatisch, die Früchte säuerlich bis süß.

Die Echte Brombeere ist reich an Vitaminen A, B und C, Carotiniden, Gerbstoffen, Säuren und Flavonoiden.

Aus den getrockneten, fermentierten Blättern lässt sich ein Tee gegen Durchfallerkrankungen herstellen oder eine Mundspülung bei Zahnfleischerkrankungen oder Halsentzündungen. Der Tee erinnert geschmacklich etwas an schwarzen Tee, ist aber bekömmlicher, da er kein Tein beinhaltet.

Die Früchte lassen sich vielfältig einsetzen: roh, als Marmelade oder Kompott, in Kuchen oder Likör; da sind der Fantasie keine Grenzen gesetzt.

Und falls nach der Verarbeitung auf der Kleidung oder den Tüchern Brombeerflecken vorkommen sollten, wäre es besser, diese vor dem Waschen mit Zitronensaft oder Essig zu behandeln.

Brunnenkresse, Echte

Nasturtium officinale
auch Bachkresse

Steckbrief
Familie: Kreuzblütler *(Brassicaceae)*
Standort: Gewässer, Gräben, Quellen
Wuchshöhe: 30 bis 70 cm
Lebensdauer: mehrjährig
Blütezeit: Mai bis Oktober
Blütenfarbe: weiß
Blütenblätter: vier
Blütenstand: Traube
Laubblätter: eiförmig, dickfleischig, kahl, glänzend, gebuchtet, dunkelgrün, wechselständig
Stängel: hohl, rund, gefurcht, kahl, dickfleischig
Frucht: Schote

Verwendbare Pflanzenteile
Blätter, Blüten

Erntezeit
Blätter: April bis August
Blüten: Mai bis September

Die erste Begegnung mit Brunnenkresse hatte ich als Kind beim Lesen des Buches „Der kleine Wassermann" von Otfried Preussler. Dort bereitet die Mutter zur Geburt des kleinen Wassermanns einen leckeren Salat aus Brunnenkresse zu. Was für Wassermänner als Nahrung geeignet ist, könnte auch für uns Menschen genießbar sein. Und so ist es auch. Die Echte Brunnenkresse ist seit jeher als gesundes Nahrungsmittel bekannt.

Man findet sie an Quellen und Fließgewässern. Dort gedeiht sie, halb im Wasser stehend, als immergrüne fleischige Pflanze. An geeigneten Standorten bildet sie ganze Pflanzenteppiche aus. Während der Blütezeit erscheinen an den Stängeln kleine, unscheinbare weiße Blüten, die etwa fünf Millimeter groß sind. Sie stehen endständig in dichten Blütentrauben zusammen. Alles an der Pflanze ist sukkulent. Die Blätter sind oval eiförmig, kahl, klein. Nach der Blüte färben sich die Stängel oftmals rötlich und es entstehen die bis zu 18 Millimeter langen, dünnen Schoten, die bis zu 60 Samen enthalten.

Die Echte Brunnenkresse enthält neben Senföl, das für den kressetypischen scharfen Geschmack zuständig ist, noch die Vitamine A, B, C und E, Eisen, Jod, Phosphor und Kalzium. Will man die Echte Brunnenkresse ernten, dann nur an absolut sauberen Gewässern, da diese sonst häufig mit Pestiziden belastet sind. Geben Sie den geernteten Trieben für den Heimtransport etwas Wasser mit in das Behältnis. Denn Brunnenkresse wird sehr leicht welk. Vielleicht können Sie ihr ja einen Platz im eigenen Gartenteich reservieren?

Neben einem gesunden Salat schmeckt die Echte Brunnenkresse auch als Pesto oder in Kräuterbutter. Blüten sind essbare Dekoration. Wenn es draußen ungemütlich ist, lässt sich die Echte Brunnenkresse auch als Suppenzutat verarbeiten.

Rezeptvorschlag:

Brunnenkresse-Süppchen

für etwa vier Portionen
4 Handvoll Brunnenkresseblätter, frisch | 10 mittelgroße Kartoffeln | 2 Handvoll Erbsen | 1 Zwiebel | 2 Knoblauchzehen | 2 l Gemüsebrühe | 4 EL gutes Olivenöl | Salz, Pfeffer

Zwiebel, Kartoffeln sowie Knoblauchzehen schälen und klein schneiden. Zuerst die Zwiebel in Olivenöl glasig anbraten. Kartoffeln und Knoblauch zugeben und weiterdünsten. Gemüsebrühe zugeben und ungefähr 1/4 Stunde bei mittlerer Hitze kochen lassen. In der Zwischenzeit die Brunnenkresse von dicken Stängeln befreien, waschen und abtropfen lassen. Danach in grobe Stücke schneiden. Erbsen und Brunnenkresse in die Suppe geben. Die Suppe mit Salz und Pfeffer abschmecken und noch weitere fünf Minuten kochen. Anschließend alles mit dem Mixstab fein pürieren.

Buche, Rot-

Fagus sylvatica
auch Buche

Steckbrief

Familie:	Buchengewächse (*Fagaceae*)
Standort:	Laub- oder Mischwald
Wuchshöhe:	45 m
Lebensdauer:	bis 300 Jahre
Blütezeit:	April, Mai
Blütenfarbe:	gelbbraun
Blütenblätter:	unscheinbar
Blütenstand:	Traube
Laubblätter:	eiförmig, gebuchtet kurzgestielt, Härchen, glänzend
Rinde:	glatt, graubraun, später silbriggrau
Frucht:	Nuss

Verwendbare Pflanzenteile

Blätter, Früchte

Erntezeit

Blätter:	April
Früchte:	September

Die Rot-Buche oder im Sprachgebrauch auch nur Buche genannt, gehört zu den in Europa heimischen Laubbäumen. Sie kommt viel häufiger vor als die Eiche.

Die Buche hat einen aufrechten Stamm. In jungen Jahren ist dieser graubraun und glatt. Später wird er silbrig. Die Äste wachsen ausladend und bilden eine runde Krone. Die glänzenden Laubblätter werden bis zu zehn Zentimeter breit. Kurz nach dem Blattaustrieb besitzen sie am Blattrand kleine Härchen. Die Rot-Buche hat ein dichtes Blütendach, sodass unter ihr wenig andere Pflanzen wachsen. Die Blüten erscheinen gleichzeitig mit den Blättern, etwa ab April. Zu sehen sind unscheinbare, gelblich braune, büschelartige, hängende männliche Blüten und aufrecht stehende weibliche. Aus den befruchteten Blüten bilden sich dann die Nussfrüchte, Bucheckern genannt. Sie sitzen in einer stacheligen Hülle, die aufplatzt und die Nüsschen freigibt.

Wollen wir die Buche als Nahrung nutzen, ernten wir am besten die jungen Blätter direkt nach dem Blattaustrieb oder später im Jahr die Bucheckern. Junge Blätter sind zart, wässrig und etwas säuerlich und eignen sich roh im Salat (vorher die Blattstiele und eventuelle Knospenrückstände entfernen). Zusammen mit frischen Champignons und einem Dressing aus Frischkäse, etwas Estragon, Wasser, Pfeffer und Salz lassen sich die Blätter lecker anrichten.

Rohe Bucheckern sollte man nicht verzehren, da sie leicht giftig sind. Geröstet sind sie sehr lecker. Man muss die Nüsse nur noch schälen. Nach der Entfernung der braunen Haut gibt die Nuss den Samen frei. Diesen kurz in der Pfanne rösten und mit etwas Salz gewürzt als Snack oder als Salatzugabe verwenden. Durch den hohen Fettgehalt sind es echte Kalorienbomben. Nebenbei enthalten sie noch Vitamin B6, C, Kalzium, Eisen und Eiweiß.

Buchweizen, Echter

Fagopyrum esculentum
auch Heidenkorn

Der Echte Buchweizen ist keine Getreidesorte, wie häufig aufgrund seines Namens angenommen wird. Vielmehr gehört er zur Familie der Knöterichgewächse. Der Name kommt daher, weil die Samen denen der Rotbuche ähneln und wie Getreide verarbeitet werden. Der nur einjährige Buchweizen wächst am liebsten auf sandigen Böden wie an Wegen oder Schuttplätzen. An einem hohlen, kahlen, zuerst grün, später rötlich werdenden Stängel bilden sich während der Blütezeit etwa fünf Millimeter große weiße bis rosafarbene Blüten mit grünlichem Blütengrund. Diese stehen eng zusammen. Da der Echte Buchweizen auf Fremdbestäubung angewiesen ist, ist die Samenausbeute sehr gering.

Der Echte Buchweizen ist als Nahrungsmittel sehr interessant. Buchweizen ist glutenfrei. Menschen mit Zöliakie finden somit eine Alternative in der getreidefreien Ernährung. Die Körner sind reich an Eiweiß, Mineralstoffen und Kohlenhydraten und schmecken mehlig.

Die Ernte der Samen ist sehr mühselig. Will man den Echten Buchweizen in der Küche verwenden, sollte man lieber auf das geschälte Korn, das im Reformhaus zu erwerben ist, zurückgreifen. Zum Brotbacken aus reinem Buchweizen ist das Buchweizenmehl aufgrund des fehlenden Glutens nur dann geeignet, wenn man ein sogenanntes „Brühstück" vorbereitet.

Aus dem Echten Buchweizen bereitet man die leckere Buchweizengrütze zu. Eine sättigende warme Mahlzeit, die dem Milchreis nahekommt. Für eine Portion Grütze 40 Gramm Buchweizen waschen und mit 100 Milliliter Wasser in einen Topf geben. Bei mittlerer Hitze fünf Minuten köcheln. Die Herdplatte ausschalten und den Buchweizen bei geschlossenem Deckel fünfzehn Minuten ausquellen lassen. In einem Teller eine Banane zerdrücken und die Grütze unterziehen. Mit klein geschnittenen Äpfeln, Zimt und Zucker bestreuen. Fertig.

Steckbrief

Familie:	Knöterichgewächse *(Polygonaceae)*
Standort:	Wege, Schuttplätze
Wuchshöhe:	20 bis 60 cm
Lebensdauer:	einjährig
Blütezeit:	Juli bis Oktober
Blütenfarbe:	weiß, rosa
Blütenblätter:	fünf
Blütenstand:	Traube
Laubblätter:	herzförmig, spitz, wechselständig, langgestielt unten, fast ungestielt oben
Stängel:	hohl, aufrecht, wenig verzweigt, kahl, saftig, grün bis rötlich
Frucht:	Nuss

Verwendbare Pflanzenteile
Samen

Erntezeit

Samen:	August bis September

Dost, Gewöhnlicher

Origanum vulgare
auch Oregano

Steckbrief

Familie:	Lippenblütler *(Lamiaceae)*
Standort:	trockene Wiesen und Laubwälder
Wuchshöhe:	20 bis 60 cm
Lebensdauer:	mehrjährig
Blütezeit:	Juli bis August
Blütenfarbe:	weiß über rosa bis rot
Blütenblätter:	symmetrisch verwachsen
Blütenstand:	Scheinquirl
Laubblätter:	eiförmig, schwach gezähnt, behaart, kurzgestielt, gegenständig
Stängel:	rund bis kantig, aufrecht, grün bis rotbraun, behaart
Frucht:	Spaltfrucht

Verwendbare Pflanzenteile
Blätter

Erntezeit
Blätter: April bis September

Der Gewöhnliche Dost stammt ursprünglich aus dem Mittelmeerraum. Mittlerweile hat er sich aber auch hierzulande wild angesiedelt. Zu finden ist er auf trockenen Wiesen, an Hecken oder lichten Laubwäldern. Er mag es sonnig und trocken. Dann treibt aus dem Wurzelstock ein aufrechter, gabelartig verzweigter Stängel aus, der etwa 60 Zentimeter hoch werden kann. Wenn der Standort passt, bilden sich ganze Pflanzenteppiche aus. Von Juli bis August erscheinen endständig, quirlartig, ährenförmig angeordnet die schönen Lippenblüten. Diese werden etwa sieben Millimeter lang und sind rötlich gefärbt. Die Blätter sind eifömig und werden bis zu 30 Zentimeter lang. Der Gewöhnliche Dost verströmt einen intensiven würzigen Duft, der beim Zerreiben der Blätter noch stärker wird.

In der Heilkunde wird dem Gewöhnlichen Dost eine krampflösende und entzündungshemmende Eigenschaft nachgesagt. Das getrocknete Kraut wird als Tee oder Tinktur zubereitet.

Die Pflanze enthält ätherische Öle, Flavonoide und Gerbstoffe.

Wenn man den Namen Gewöhnlicher Dost hört, denkt man nicht gleich an Oregano. Dieser ist jedem als Gewürzpflanze bekannt, der sich mit der mediterranen Küche befasst. Geschmacklich ist der Dost ähnlich dem des Majorans, jedoch stärker und leicht pfeffrig. Oft kann er in der Küche die Zugabe von Salz ersetzen. Aber nicht nur in Pastasaucen und auf Pizza schmeckt der Gewöhnliche Dost. Auch in einem Smoothie aus Tomatensaft, Karotte und Gurke, gewürzt mit Pfeffer und einem Spritzer Tabasco, macht er sich gut. Kalt genießen.

Rezeptvorschlag:

Grillmarinade

1 Handvoll frische Oreganoblättchen | 3 Knoblauchzehen | 10 EL Olivenöl | Pfeffer, frisch gemahlen

Olivenöl in eine Schüssel geben. Knoblauchzehen schälen, pressen, mit den Oreganoblättchen zu dem Olivenöl geben. Mit Pfeffer würzen.

Grillfleisch damit bestreichen und mindestens eine Stunde marinieren lassen.

Eberesche

Sorbus aucuparia
auch Vogelbeere

Steckbrief
Familie: Rosengewächse *(Rosaceae)*
Standort: lichter Wald
Wuchshöhe: 15 m
Lebensdauer: bis 100 Jahre
Blütezeit: Mai bis Juli
Blütenfarbe: weißgelb
Blütenblätter: fünf
Blütenstand: Trugdolde
Laubblätter: gefiedert, eiförmig, gezähnt, kurzgestielt, behaart, glänzend
Rinde: glatt, silbriggrau später rissig
Frucht: Apfelfrucht

Verwendbare Pflanzenteile
Früchte

Erntezeit
Früchte: Oktober

Die Eberesche ist ein strauchartig wachsender Baum, der etwa 15 Meter hoch wird. Man findet ihn in lichten Wäldern oder offenen Flächen. Oft wird er auch in Alleen oder Parks gepflanzt. Die Eberesche wächst mit einer lichten Krone, die oval oder rundlich ist. Die Laubblätter sind gefiedert, wobei die einzelnen Fiederblätter etwa sechs Zentimeter lang werden. Sie sind länglich oval, gezähnt und laufen spitz zu. In der Blütezeit erscheinen weißgelbe Blüten, die doldenartig angeordnet sind und einen unangenehmen Geruch verströmen. Dieser lockt Bienen und Insekten zur Bestäubung an. Aus den befruchteten Blüten entwickeln sich bis zum Herbst runde, rote, etwa zehn Millimeter große Früchte, die wie kleine Äpfel aussehen.

Die Früchte enthalten sehr viel Vitamin C, Provitamin A, Gerbstoffe, Pektin und verschiedene Säuren. Die Früchte sind im ungekochten Zustand nicht genießbar. Gekocht zu Gelee, Mus oder als Saft sind diese jedoch sehr lecker und gesund. Sie besitzen einen säuerlichen Geschmack. Vor der Verarbeitung sollte man sie mindestens zweimal mit kochendem Wasser übergossen haben, damit die Gerbstoffe aus den Früchten gewaschen werden. Eine andere Alternative ist das Einfrieren. Oder man lässt es die Natur erledigen und wartet mit der Ernte bis nach den ersten Frösten.

Eine interessante Marmelade läßt sich aus 500 Gramm Ebereschen (ohne Stiel, gut gewaschen) zubereiten.
Die Beeren fünf Minuten aufkochen. Das Kochwasser ausschütten und mit frischem Wasser weitere zwanzig Minuten kochen lassen, bis sie weich sind. Dann durchpassieren. Das Mus zusammen mit 400 Gramm Apfelmus, 3 Päckchen Vanillezucker, etwas Zimt und 500 Gramm Gelierzucker 2:1 aufkochen. In vorbereitete Gläser füllen und verschließen.

In der Heilkunde werden die getrockneten Beeren als Tee gegen Husten und Bronchitis empfohlen, die aufgebrühten Blätter bei Darmproblemen.

Eibisch, Echter

Althaea officinalis
auch Samtpappel

Der Echte Eibisch ist eine krautige, aufrecht wachsende Pflanze, die auf feuchten Böden gedeiht. Aus einem gelb-weißen, fleischigen, gedrehten, etwa 30 Zentimeter langen Rhizom wächst im Frühjahr ein bis zu 150 Zentimeter langer, weicher, filzig behaarter Stängel. Dieser ist wenig verzweigt. Die Laubblätter stehen an kurzen Stielen. Sie sind dreieckig gelappt. In den Blattachseln bilden sich die fünfblättrigen, weiß- bis rosafarbenen, etwa vier Zentimeter großen Blüten, die zu mehreren in Büscheln zusammenstehen. Im Sommer ziehen die vielen Blüten zahlreiche Insekten und Bienen an, die den Nektar trinken. Als Samen bildet sich eine Spaltfrucht. Die etwa zwei Millimeter großen Samen sind ringartig im verbliebenen Blütenkelch angeordnet.

Der Echte Eibisch enthält vor allem Schleimstoffe, Gerbstoffe, Stärke und Zucker.

Verwendung findet er heute hauptsächlich in der Heilkunde. Vor allem die Wurzel wird, aufgrund ihres starken Schleimgehalts, zu Sirup weiterverarbeitet. Geerntet wird diese allerdings erst ab dem zweiten Jahr. Der Sirup wird bei trockenem Reizhusten oder Entzündungen im Mund- oder Rachenbereich eingesetzt. Er soll aber auch bei leichten Magen-Darm-Entzündungen helfen. Blüten und Blätter lassen sich als Salatbeigabe verwenden.

Der Geschmack der Pflanze ist süßlich und schleimig. Die aus der Wurzel gewonnenen Schleimstoffe wurden zusammen mit Zucker und Eiweiß in Frankreich zu „Pâte de guimauve" verarbeitet. Die Amerikaner nannten die Süßigkeit dann Marshmallow. Mittlerweile wurde die Eibischwurzel als Zutat in Marshmallows durch Gelatine, Agar-Agar oder Ähnliches ersetzt. Will man ein Naschwerk aus Eibischwurzeln zubereiten, geht das als Eibisch-Teig, der aus gekochten Eibisch-Wurzeln, Gummiarabikum, Rohrzucker und Eiweiß besteht.

Steckbrief

Familie:	Malvengewächse *(Malvaceae)*
Standort:	Ufer, Gräben, feuchte Wiesen
Wuchshöhe:	80 bis 150 cm
Lebensdauer:	mehrjährig
Blütezeit:	August bis September
Blütenfarbe:	weiß-rosa
Blütenblätter:	fünf
Blütenstand:	Achselstand
Laubblätter:	dreieckig gelappt, weich behaart, schwach gezähnt, kurzgestielt, wechselständig
Stängel:	rund, hohl, grün, aufrecht, weich behaart
Frucht:	Spaltfrucht

Verwendbare Pflanzenteile

Blätter, Blüten, Wurzel

Erntezeit

Blätter:	Mai bis Juni
Blüten:	August bis September
Wurzel:	Oktober bis November

Eiche, Stiel-

Quercus robur
auch Sommer-Eiche

Steckbrief

Familie:	Buchengewächse *(Fagaceae)*
Standort:	Laubwald
Wuchshöhe:	40 m
Lebensdauer:	bis 1000 Jahre
Blütezeit:	April
Blütenfarbe:	gelbgrün
Blütenblätter:	unscheinbar
Blütenstand:	Kätzchen
Laubblätter:	gelappt, runde Spitze, kurzgestielt, kahl, ledrig, glänzend
Rinde:	stark gefurcht, graubraun
Frucht:	Nuss

Verwendbare Pflanzenteile
Blätter, Früchte

Erntezeit

Blätter:	März, April
Früchte:	September bis Oktober

Die Stiel-Eiche ist ein bis zu 40 Meter hoch werdender, laubabwerfender Baum. Sie ist sehr robust und eher anspruchslos an den Boden. Zum Wachsen benötigt die Stiel-Eiche jedoch viel Licht. Damit andere Bäume die jungen Keimlinge der Eiche nicht verdrängen, wächst sie in der Jugend sehr schnell empor. Oft steht sie zusammen mit Hainbuchen und Winter-Linde. Ist sie erst einmal mit ihrer Pfahlwurzel fest im Boden verankert, kann ein Sturm ihr nicht sonderlich viel anhaben. Die Blüten der Stiel-Eiche erscheinen im April. Sie bilden stehende, weibliche und hängende, männliche Kätzchen aus. Die Laubblätter besitzen kurz nach dem Blattaustrieb einige Härchen. Später sind sie kahl, ledrig und glänzend grün. Oft wird die Stiel-Eiche mit der Trauben-Eiche (*Quercus petraea*) verwechselt. Man kann diese aber gut an den Laubblättern voneinander unterscheiden. Die Stiel-Eiche besitzt am unteren Teil des Blattes links und rechts kleine Öhrchen, die bei der Trauben-Eiche nicht vorkommen. Diese wird auch Winter-Eiche genannt, da sie, im Gegensatz zur Stiel-Eiche, im Winter noch etwas Laub behält.

Die Blätter und Früchte der Stiel-Eiche enthalten Gerbstoffe und Öle, die in der Heilkunde als entzündungshemmend gelten.

Verwendet werden vor allem die Nussfrüchte der Stiel-Eiche. Aber auch die Blätter sind kurz nach dem Blattaustrieb als Salatgewürz geeignet. Die Eichelfrüchte sind bitter und roh nicht genießbar. Gekocht oder geröstet, gewässert und geschält lässt sich aus den Samen das Eichelmehl herstellen. Dieses kann man in Kombination mit anderen Zutaten weiterverarbeiten. In Notzeiten stellte man aus gerösteten Eicheln einen Kaffeeersatz her.

Engelwurz, Wald-

Angelica sylvestris
auch Angelika

Die Wald-Engelwurz ist eine imposante Erscheinung. Durch ihre Wuchshöhe und ihre etwa 20 Zentimeter großen Doldenschirme fällt sie sicher auf. Die Dolde besteht aus bis zu 50 Strahlen mit vielen kleinen, etwa zwei Millimeter großen, weißen oder leicht rosafarbenen Einzelblüten, die einen süßlichen Duft verströmen. Der Stängel ist oft rötlich überlaufen und wenig verzweigt. Die gefiederten Laubblätter stehen wechselständig und können bis zu 50 Zentimeter groß werden. Zu finden ist die Wald-Engelwurz an feuchten Standorten wie Gräben, Ufern oder Feuchtwiesen. Zu verwechseln ist sie mit dem giftigen Riesen-Bärenklau (*Heracleum mantegazzianum*), dem sehr giftigen Wasserschierling (*Cicuta virosa*) oder dem sehr giftigen Gefleckten Schierling (*Conium maculatum*).

Die Wald-Engelwurz enthält ätherische Öle, Gerb- und Bitterstoffe sowie Furocumarin. Ihr Geschmack ist süßlich, bitter, scharf.

In der Heilkunde bereitet man aus der Wurzel Tee. Dieser soll appetitanregend, antibakteriell und immunisierend wirken.

Verwenden kann man alle Pflanzenteile. Bei der Ernte sollte man die Haut schützen, da es durch das in der Pflanze enthaltene Furocumarin zu verbrennungsähnlichen Symptomen kommen kann (Photosensibilisierung).

Die jungen Laubblätter sowie die Blüten lassen sich roh verzehren. Man gibt sie zu Salaten oder kandiert die jungen Stängel. Dazu gibt man 750 Gramm geschälte, in längere Stücke geschnittene Stängel für zwei Minuten in kochendes Wasser. Dann abschütten, abschrecken und abtropfen lassen. Ein Kilogramm Zucker mit 750 Milliliter Wasser zehn Minuten köcheln, die Stängel dazugeben und weitere drei Minuten köcheln. Vom Herd nehmen, zugedeckt auskühlen und zwölf Stunden ziehen lassen. Mit einem Schaumlöffel die Stängel aus der Flüssigkeit nehmen. Den Sud erneut aufkochen, Stängel dazugeben, drei Minuten köcheln. Wiederum über Nacht ziehen lassen, herausnehmen, abtropfen lassen, auf ein mit Backpapier ausgelegtes Backblech legen, mit Puderzucker bestäuben. Bei etwa 40 °C im Backofen oder an der Luft trocknen lassen, bis sie nicht mehr kleben. Dauert sehr lange! In geschlossenen Gläsern aufbewahren und als kleine Leckerei oder Dekoration verzehren.

Steckbrief

Familie:	Doldenblütler *(Apiaceae)*
Standort:	Ufer, Gräben, feuchte Wiesen
Wuchshöhe:	150 bis 200 cm
Lebensdauer:	zweijährig
Blütezeit:	Juli bis August
Blütenfarbe:	weiß
Blütenblätter:	fünf
Blütenstand:	Dolde
Laubblätter:	gefiedert,eiförmig, spitz, kahl, gezähnt, gestielt, wechselständig
Stängel:	rund, gerillt, hohl, grün bis rötlich überlaufen, aufrecht, kahl
Frucht:	Spaltfrucht

Verwendbare Pflanzenteile

Blätter, Blüten, Wurzel

Erntezeit

Blätter:	März bis Mai
Blüten:	Juli bis August
Wurzel:	September bis April

Erdbeere, Wald-

Fragaria vesca
auch Rotbeere

Steckbrief

Familie:	Rosengewächse *(Rosaceae)*
Standort:	Waldrand, lichte Wälder
Wuchshöhe:	10 bis 25 cm
Lebensdauer:	mehrjährig
Blütezeit:	April bis Juni
Blütenfarbe:	weiß
Blütenblätter:	fünf
Blütenstand:	Einzelblüte
Laubblätter:	oval, dreizählig, gezähnt, behaart, kurzgestielt, wechselständig
Stängel:	rund, aufrecht, grün bis rötlich, behaart
Frucht:	Nuss / Scheinbeere

Verwendbare Pflanzenteile
Blätter, Früchte

Erntezeit

Blätter:	März bis September
Früchte:	Juni bis Juli

Bei einem Sommerspaziergang im lichten Wald findet man die Wald-Erdbeere mit ihren kleinen, etwa einen Zentimeter großen Scheinbeeren leicht. Sie ist zwar ein kleines, immergrünes Pflänzchen, aber dennoch recht robust. Mit ihren langen Ausläufern bilden sich schnell ganze Wald-Erdbeeren-Teppiche aus. Von April bis Juni erscheinen die weißen, etwa 14 Millimeter großen Blüten. Sie stehen locker angeordnet an langen Stängeln. Aus ihnen bilden sich nach der Befruchtung die kleinen roten Scheinfrüchte, die wir als Beeren bezeichnen. Die eigentlichen Früchte sind aber die kleinen Nüsschen, die die Beeren ummanteln. Die Blätter der Wald-Erdbeere sind dreizählig und dunkelgrün. Wer denkt, dass die Wald-Erdbeere der Vorfahre unserer Garten-Erdbeere ist, liegt falsch. Diese ist eine Kreuzung aus der Chile-Erdbeere (*Fragaria chiloensis*) und der Scharlach-Erdbeere (*Fragaria virginiana*), die ursprünglich in Amerika beheimatet waren.

Wald-Erdbeeren schmecken wesentlich intensiver als unsere Garten-Erdbeere. Deshalb lohnt sich das Sammeln. Allerdings sollte man die Wald-Erdbeere nicht unbedingt kochen. Dabei wird ein Stoff freigesetzt, der einen bitteren Geschmack erzeugt. In frischem Zustand sind sie aber ein gesunder, mineralstoffhaltiger Genuss. Die Blätter der Wald-Erdbeere enthalten vor allem Gerbstoffe, ätherisches Öl und Flavonoide. Deshalb werden diese in der Heilkunde als Tee zubereitet, der als harntreibend und entzündungshemmend gilt.

In der Küche verwendet man nur die Beeren. Als Saft, kaltgerührte Marmelade, in Bowle oder auf Torteletts. Als leckere Vorspeise mache ich mit Aceto Balsamico marinierte Wald-Erdbeeren mit Kräuterfrischkäsekugeln. Den Frischkäse mit Salz, Pfeffer und frischen, gehackten Kräutern wie Petersilie, Dill und Schnittlauch abschmecken und kalt stellen. Die gewaschenen, geputzten Wald-Erdbeeren mit Aceto Balsamico marinieren und auf einem Teller mit etwas Blattsalat anrichten. Aus dem Frischkäse mit zwei Teelöffeln kleine Kugeln formen und um die Früchte dekorieren. Dazu Ciabatta-Brot.

Erdkastanie, Französische

Conopodium majus
auch Erdnuss

Die Französische Erdkastanie ist eine fast vergessene Pflanze. Man findet sie auf Äckern und Feldern. Sie zählt zur Familie der Doldenblütler. Aus dem nur etwa drei Zentimeter großen, runden Rhizom treiben die Stängel aus. Diese sind rund, kahl und aufrecht wachsend. Die Laubblätter stehen wechselständig. In ihrem Gesamtumriss ergeben die Fiederblätter eine dreieckige Form, wobei das einzelne Blatt schmal und lanzettig ist. Die kleinen, weißen Blüten stehen an einer bis zu 12-strahligen Dolde. Als Frucht wird eine etwa fünf Millimeter große Spaltfrucht gebildet. Zu verwechseln ist sie leicht mit giftigen Doldenblütlern, deshalb bei der Ernte bitte aufpassen.

Die Französische Erdkastanie zählt zu den Wurzelgemüsepflanzen. Sie wird oft in einem Zug mit der Gewöhnlichen Erdkastanie (*Bunium bulbocastanum*) genannt. Diese wird ähnlich genutzt. Die Wurzel, die am häufigsten verwendet wird, schmeckt aromatisch, kastanienartig und wird roh oder gekocht als Gemüse zubereitet. Vor der Zubereitung muss man die dünne braune Haut, die die Wurzel umgibt, entfernen. Dazu reibt man sie einfach zwischen den Fingern. Man lässt die Wurzeln dann für zehn Minuten in Brühe köcheln. Abschütten, pfeffern und mit zerlassener Butter übergießen. Eignet sich durchaus als Beilage zu Fleisch. Roh ist die geschälte Wurzel ein kleiner Snack mit Nussgeschmack für zwischendurch.

Steckbrief

Familie:	Doldenblütler (*Apiaceae*)
Standort:	Äcker, Felder
Wuchshöhe:	30 bis 60 cm
Lebensdauer:	mehrjährig
Blütezeit:	April bis Juni
Blütenfarbe:	weiß
Blütenblätter:	fünf
Blütenstand:	Dolde
Laubblätter:	gefiedert, lanzettig, kahl, wechselständig
Stängel:	rund, gestreift, kahl, markig, grün, aufrecht
Frucht:	Spaltfrucht

Verwendbare Pflanzenteile

Wurzel

Erntezeit

Wurzel:	Februar bis April, September bis November

Feldsalat, Gewöhnlicher

Valerianella locusta
auch Rapunzelsalat

Steckbrief

Familie:	Geißblattgewächse *(Caprifoliaceae)*
Standort:	Wiesen in Meeresnähe, Felder, Brachland
Wuchshöhe:	5 bis 20 cm
Lebensdauer:	einjährig
Blütezeit:	Mai bis Juni
Blütenfarbe:	weiß bis hellblau
Blütenblätter:	fünf
Blütenstand:	Scheindolde
Laubblätter:	oval, wenig gezähnt, grundständig, gegenständig
Stängel:	kantig, gefurcht, behaart, nach oben verzweigt, grün
Frucht:	Nuss

Verwendbare Pflanzenteile
Blätter

Erntezeit

Blätter:	März bis April und Oktober bis Dezember

Ein kleines Pflänzchen ist der Gewöhnliche Feldsalat. Will man ihn wild finden, muss man möglicherweise von Jahr zu Jahr an anderen Stellen suchen. Oft verschwinden ganze Pflanzenbestände und tauchen durch die Flugausbreitung der Samen an einem anderen Standort wieder auf. Der Gewöhnliche Feldsalat beginnt im Herbst zu wachsen. Zunächst erscheint eine Blattrosette mit eiförmigen, grundständigen Blättern. So überwintert die Pflanze auch. Im Frühjahr wächst dann der Stängel empor, der sich im oberen Teil verzweigt. Zwischen Mai und Juni blüht der Gewöhnliche Feldsalat. Die Blüten sind unscheinbar und etwa zwei Millimeter groß. Sie stehen in einer Scheindolde zusammen. Als Samen bilden sich kleine Nussfrüchte, die sich durch den Wind und den Regen weiter verbreiten.

Die Kulturform des Gewöhnlichen Feldsalats ist wohl jedem schon mal begegnet. Die Wildform ist jedoch geschmacksintensiver. Man erntet die kleinen Blättchen und verwendet sie am besten roh als Salat. Ein Dressing aus Rapskernöl, Leinöl, Aceto Balsamico, Himbeersirup, Salz und Pfeffer herstellen, über den Salat geben und genießen. Lecker ist auch eine kräftigere Salatvariante mit kross gebratenen Speckwürfeln, die dann lauwarm über den Salat gegeben werden.

Der Gewöhnliche Feldsalat ist eine wahre Vitamin-C-Bombe und reich an Eisen, Folsäure und weiteren Mineralstoffen. In der Heilkunde wird er als eine das Immunsystem stärkende Pflanze empfohlen. Außerdem gilt er als entschlackend und verdauungsfördernd.

Felsenbirne, Gemeine

Amelanchier ovalis
auch Rosinenbaum

Die Gemeine Felsenbirne kommt an warmen, lichten Standorten vor. Sie ist ein sommergrüner Strauch, der eine runde Wuchsform besitzt. Er wächst locker verzweigt und kommt vor dem Blattaustrieb zur Blüte. Die Blüten bilden Trauben zu etwa fünf bis zehn Blüten. Auffallend sind die weit auseinanderstehenden fünf, etwa fünfzehn Millimeter langen weißen Blütenblätter, die an der Spitze manchmal rosa gefärbt sind. Sie besitzen einen strengen Geruch. Die Laubblätter sitzen an etwa 15 Millimeter langen Stielen, sind eiförmig, gezähnt und bis zu zehn Zentimeter lang. Zwischen Juni und Juli reifen die runden, kleinen Früchte heran. Die färben sich bis zur Fruchtreife von rot zu fast schwarz. Meist hängen gleichzeitig unreife und reife Früchte am Strauch. Vögel lieben diese. Wer ernten will, muss also schneller als sie sein. Dennoch bleiben bestimmt einige für die Vogelschar übrig. Im Herbst zeigt das Laub eine kurze, aber dafür wunderschöne orange bis rote Herbstfärbung.

Die Gemeine Felsenbirne ist ein fast vergessener Wildobststrauch. Er sollte wieder mehr Beachtung finden, da seine Früchte wirklich lecker schmecken. Die Felsenbirne läßt sich wunderbar zu Kompott, Marmelade, auf Kuchen oder als Trockenobst weiterverarbeiten. Das Aroma der Früchte kann man vielleicht kirschig mit einem Hauch Bittermandel beschreiben. Die in der Frucht befindlichen Kerne enthalten, genau wie auch Apfelkerne, kleine Mengen des giftigen Blausäureglykosids. Weitere Inhaltsstoffe sind Zucker, Pektin, Flavonoide, viele Mineralstoffe und Vitamine.

Idee für ein Dessert: Aus gekochten, passierten Früchten ein Mus herstellen (etwa 400 Gramm). Abkühlen lassen und mit 250 Gramm Sahnequark, 250 Gramm Mascarpone, 1 Esslöffel Zucker, 2 Päckchen Vanillezucker, etwas abgeriebener Zitronenschale verrühren. 150 Gramm Amarettini in vier hohe Dessertgläser aufteilen, mit etwas Amaretto beträufeln. Einige frische Früchte daraufschichten, dann die Creme darauf verteilen. Mit gerösteten Mandelstiften und Kakaopulver garnieren.

Steckbrief

Familie:	Rosengewächse *(Rosaceae)*
Standort:	lichter Waldrand, Hecken
Wuchshöhe:	bis 3 m
Lebensdauer:	mehrjährig
Blütezeit:	April bis Mai
Blütenfarbe:	weiß
Blütenblätter:	fünf
Blütenstand:	Traube
Laubblätter:	eiförmig, langgestielt, oben kahl, unten gelblich behaart, gezähnt, wechselständig
Rinde:	braun-grau, rau
Frucht:	Apfelfrucht

Verwendbare Pflanzenteile
Frucht

Erntezeit

Frucht:	Juni bis Juli

Fenchel

Foeniculum vulgare
auch Frauenfenchel

Steckbrief

Familie:	Doldenblütler *(Apiaceae)*
Standort:	Schuttplätze, Wegrand, Weinberge
Wuchshöhe:	40 bis 200 cm
Lebensdauer:	zweijährig
Blütezeit:	Juli bis Oktober
Blütenfarbe:	gelb
Blütenblätter:	fünf
Blütenstand:	Dolde
Laubblätter:	gefiedert, schmal lanzettig, spitz, kahl
Stängel:	rund, gefurcht, kahl, aufrecht, nach oben verzweigt, grün bis bläulich
Frucht:	Spaltfrucht

Verwendbare Pflanzenteile

Blätter, Samen

Erntezeit

Blätter:	Oktober
Samen:	September bis Oktober

Der Fenchel kommt eigentlich aus dem Mittelmeerraum. Er benötigt einen warmen Standort, um gut zu gedeihen. Erst im zweiten Jahr wächst aus der spindelartigen, weißen Wurzel der Stängel empor. Die Blätter erinnern mit ihren feinen, dünnen Fiedern an die des Dills. Nur die grundständigen Blätter wachsen zwiebelartig und bilden im Laufe der Zeit eine unterirdische Verdickung. Die gelben kleinen Blüten stehen an einer großen Doppeldolde zusammen. Ihre Blütenblätter sind nach innen gebogen. Aus den Blüten entwickeln sich kleine Spaltfrüchte.

Der Fenchel enthält hauptsächlich ätherisches Öl, Fenchon und Flavonoide sowie viel Vitamin C und Mineralstoffe. Der Geschmack der Pflanze ist insgesamt anisartig. In der Heilkunde wird der Fenchel vor allem bei Blähungen, Magen-Darm-Beschwerden und Bronchialinfekten eingesetzt. Schon Babys bekommen oft in ihr Fläschchen Fencheltee, um Blähungen vorzubeugen.

In der Küche kommen vor allem die verdickte Blattzwiebel, die auch Fenchelknolle genannt wird, die Stängel sowie die Samen zum Einsatz. Die Samen kann man als Gewürzzugabe von Essig oder aber auch zur Teezubereitung verwenden. Aus der Fenchelknolle lässt sich vielerlei zaubern. Roh als Salat oder gedünstet als Gemüse.

Um im Winter den Vitamin-C-Vorrat aufzufüllen, lässt sich aus fein geschnittenem Fenchel, klein geschnittenen Orangenfilets und Käsewürfeln ein erfrischender Salat zubereiten. Als Dressing Walnussöl und Apfelessig mit etwas Zitronensaft verrühren. Mit frisch gemahlenem Pfeffer abschmecken. Gehackte Kräuter zugeben. Hierbei auch ruhig das Fenchelgrün verwenden. Fertig.

Fichte, Gemeine

Picea abies
auch Rottanne

Die Gemeine Fichte ist neben der Weißtanne der größte Nadelbaum, den man in heimischen Wäldern findet. Sie ist von aufrechtem Wuchs und bildet eine schmale, dreieckige Krone. Ihr Stamm wird bis etwa zwei Meter dick. Der Nadelbaum wird bis zu 600 Jahre alt. Er blüht erst ab einem Alter von 40 Jahren. In jungen Jahren bilden sich nur weibliche Blüten, die in Zapfen stehen und später die Samen enthalten. Die Zapfen werden etwa 15 Zentimeter lang. Die männlichen Blüten sind kleine, etwa ein Zentimeter große Knospen. Die Zapfen der Gemeinen Fichte sind hängend. Das unterscheidet sie sehr deutlich von der Tanne (*Abies*), die stehende Zapfen hat. Gut erkennen kann man die Gemeine Fichte auch an der rotbraunen Rinde, die sie als junger Baum trägt. Später ist sie grau und stark schuppig. Die Blätter der Gemeinen Fichte sind natürlich Nadeln. Sie wachsen quirlartig um den Ast herum, sind steif und spitz.

Will man die Gemeine Fichte in der Küche nutzen, bitte zuerst den Förster fragen, wo und wieviel man von den jungen Trieben ernten darf, damit der Baum keinen Schaden nimmt. Die Gemeine Fichte enthält viel ätherisches Öl. Deshalb sollte man am besten nur junge Triebe von April bis Mai verwenden. Diese sind noch zart und nicht so streng im Geschmack.

Aus den jungen Trieben lassen sich Sirup, Likör oder Gelee herstellen, aber auch roh kann man sie verzehren. Vielleicht probieren Sie mal einen Gelee aus Fichtenspitzen und Orangensaft. Dazu die gleiche Menge Fichtennadelspitzen und Orangensaft einige Minuten kochen lassen, 12 Stunden ziehen lassen, erneut kochen, abseihen, den Sud auffangen. Mit Zitronensaft abschmecken. Das Ganze mit der entsprechenden Menge Gelierzucker aufkochen (am besten richtet man sich nach der Angabe auf dem Gelierzucker). Umgehend in saubere Gläser füllen und fest verschließen.

In der Heilkunde gibt man den Sirup als Hustenmittel oder stellt eine Tinktur zum Einreiben bei Muskelverspannungen her.

Steckbrief

Familie:	Kieferngewächse *(Pinaceae)*
Standort:	Mischwald
Wuchshöhe:	bis 40 m
Lebensdauer:	bis 600 Jahre
Blütezeit:	Mai bis Juni
Blütenfarbe:	gelb bis rot
Blütenblätter:	eins
Blütenstand:	Zapfenblüte
Laubblätter:	spitze Nadeln, vierkantig, dunkelgrün
Rinde:	rötlichbraun, schuppig
Frucht:	Zapfen

Verwendbare Pflanzenteile

Blätter

Erntezeit

Blätter: April bis Mai

Franzosenkraut, Kleinblütiges

Galinsoga parviflora
auch Knopfkraut

Steckbrief

Familie: Korbblütler (*Asteraceae*)
Standort: Ödland, Brachland
Wuchshöhe: 10 bis 60 cm
Lebensdauer: einjährig
Blütezeit: Mai bis Oktober
Blütenfarbe: weiß
Blütenblätter: fünf
Blütenstand: Trugdolde
Laubblätter: eiförmig, wenig gezähnt, gegenständig, nicht bis wenig behaart, gestielt, leicht glänzend
Stängel: rund, kahl bis wenig behaart, aufrecht, verzweigt, grün
Frucht: Spaltfrucht

Verwendbare Pflanzenteile
Blätter, Samen

Erntezeit
Blätter: April bis September
Samen: Juli bis Oktober

Das Kleinblütige Franzosenkraut siedelt sich gern auf brachliegenden Äckern an. Ursprünglich stammt es aus dem Süden Amerikas. Zur Zeit der Napoleonkriege breitete es sich schnell in Europa aus und bekam so seinen Namen. An einem aufrechten, verzweigten Stängel wachsen die eiförmigen, gestielten Laubblätter. Sie erreichen eine Länge von etwa sechs Zentimetern. Die weißen, fünfblättrigen Korbblüten blühen von Mai bis Oktober. Sie werden etwa fünf Millimeter groß. Die Blütenblätter stehen weit voneinander weg um den gelben Blütenkorb herum. Mit mehreren Blüten bilden sie einen lockeren Blütenstand. Nach der Blüte bilden sich Spaltfrüchte aus, die in einer Art Pusteblume (Achäne) zusammenstehen und sich durch Wind verbreiten.

Das Kleinblütige Franzosenkraut wurde früher als Kulturgemüse angebaut. Heute ärgert es Landwirte als typisches Ackerunkraut als Unterwuchs auf Kartoffelfeldern. Was den einen ärgert, erfreut den anderen. Das Kleinblütige Franzosenkraut lässt sich nämlich sehr gut in der Küche verarbeiten. Aus den Blättern kann man Salat oder auch Gemüse zubereiten. Die Samen trocknen lassen und im Winter vitaminreiche Keimlinge ziehen. Diese entweder als Salatbeigabe oder auf Butterbrot, mit etwas Meersalz gewürzt, geben. In Kolumbien trocknet man die Blätter und benutzt sie als Gewürz in der „Ajiaco de Bogotá“. Eine Hühnersuppe, gekocht aus Hühnerbrust und Knochen, drei Sorten Kartoffeln, Zwiebeln, Lauch, Koriander, Knoblauch, „Guasca“ (getrocknetes Kleinblütiges Franzosenkraut), Olivenöl, Salz und Pfeffer. Als Beilage wird Avocado und eine Chilisoße (Ají) serviert.

Der Geschmack der Blätter ist salatähnlich. Das Kleinblütige Franzosenkraut enthält Mineralstoffe wie Eisen, Kalzium, Magnesium, Mangan sowie viel Vitamine A und C. In der Heilkunde wird die Pflanze gern bei grippalen Infekten eingesetzt.

Frauenmantel, Gemeiner

Alchemilla vulgaris
auch Taumantel

Der Gemeine Frauenmantel ist ein buschiger Halbstrauch. Zu finden ist er in ganze Europa. Oft an Gräben oder feuchten Wegen. An den runden, behaarten Stängeln wachsen die großen, oft siebenfach gelappten Laubblätter. Sie wachsen um den Stängel herum und schließen ihn ein. Die Laubblätter besitzen an der Spitze Wasserspalten. Nachts scheidet die Pflanze daraus Wasser ab. Dieses steht dann morgendlich in der Blattmitte. Daher hat der Gemeine Frauenmantel auch seinen Namen „Taumantel", obwohl es ja kein Tau ist, der sich sammelt. Die Blüten sind klein. Sie werden etwa vier Millimeter groß und stehen in etwa zwölf Zentimeter großen Trugdolden am Stängel. Die Besonderheit bei den Blüten ist, dass sie keine Kronblätter besitzen, sondern nur Kelchblätter, die teilweise auch verwachsen sein können. Als Frucht entsteht eine Nuss, die im Blütenkelch sitzt.

Aus den Blättern des Gemeinen Frauenmantels lässt sich im Frühjahr ein Salat zubereiten. Zusammen mit anderen Wildkräutern ergibt sich eine leckere Alternative zu Kultursalat. Mag man es pikant, würzt man das Ganze mit etwas Sahne-Meerrettich und gibt noch einen Bund fein geschnittene Frühlingszwiebeln und frische Kräuter hinzu.

Geschmacklich sind die Blätter aromatisch und der Kohlrabi ähnlich. Enthalten sind vor allem Gerbstoffe, Bitterstoffe und ätherisches Öl.

In der Heilkunde gilt der Gemeine Frauenmantel als blutstillend und zusammenziehend. Er wird deshalb auch bei Frauenleiden als Tee angewendet oder äußerlich als Wundauflage.

Steckbrief

Familie:	Rosengewächse (*Rosaceae*)
Standort:	Gräben, Wegrand
Wuchshöhe:	30 bis 50 cm
Lebensdauer:	mehrjährig
Blütezeit:	Mai bis Juli
Blütenfarbe:	gelblich grün
Blütenblätter:	keine
Blütenstand:	Trugdolde
Laubblätter:	gelappt, rund, gezähnt, kahl, wechselständig, behaart, gestielt
Stängel:	rund, grün, aufrecht, behaart
Frucht:	Nuss

Verwendbare Pflanzenteile
Blätter

Erntezeit
Blätter: April bis Juli

Gänseblümchen

Bellis perennis
auch Maßliebchen

Steckbrief

Familie:	Korbblütler *(Asteraceae)*
Standort:	Wiesen, Weiden
Wuchshöhe:	5 bis 20 cm
Lebensdauer:	mehrjährig
Blütezeit:	Februar bis November
Blütenfarbe:	weiß, rosa
Blütenblätter:	mehr als fünf
Blütenstand:	Einzelblüte
Laubblätter:	eiförmig, schwach gezähnt, behaart, gestielt, rosettig
Stängel:	rund, aufrecht, grün bis rötlich, behaart
Frucht:	Nuss

Verwendbare Pflanzenteile
Blätter

Erntezeit

Blätter:	März bis Mai
Blüten:	März bis Juli

Das kleine Gänseblümchen erfreut uns das ganze Jahr hindurch mit seinen etwa 15 Millimeter großen, weißen oder rosaüberlaufenen Korbblüten. Diese stehen an einem langen, aufrechten Stängel, der aus einer Blattrosette wächst. Die Laubblätter sind eiförmig, dunkelgrün und etwa vier Zentimeter lang. Nach der Blüte entstehen kleine Nussfrüchte. Das Gänseblümchen schließt nachts und auch bei schlechtem Wetter seine Blüten. Scheint jedoch die Sonne, dreht es sein Blütenköpfchen immer zum Sonnenstand hin.

Wer sich schon etwas mit Wildkräutern beschäftigt hat, dem ist das Gänseblümchen in der Küche sicher schon oft begegnet. Es lässt sich sehr vielseitig verarbeiten. Die jungen Blätter ergeben einen leckeren Salat, der dem Feldsalat ähnlich ist. Aber auch für Kräuterquark, als Suppenzutat oder Kräuterbutter eignen sie sich sehr gut. Die Blütenknospen lassen sich zu „Falschen Kapern" einlegen. Das Schöne an der Pflanze ist, dass man sie oft auch schon im eigenen Garten finden kann. Dem Liebhaber des englischen Rasens sind sie wohl eher ein Dorn im Auge.

Das Gänseblümchen enthält viele Mineralstoffe wie zum Beispiel Kalzium, Magnesium und Eisen. Außerdem die Vitamine A und C sowie Gerb- und Bitterstoffe.

In der Heilkunde gilt das Gänseblümchen als schleimlösend, blutstillend und stoffwechselanregend. So kommt das Kraut als Tee zum Einsatz. Und Harry Potter braut daraus zusammen mit anderen Zutaten den „Schrumpftrank" (engl. Originalfassung: „Shrinking Solution"), der Lebewesen wieder jünger und kleiner werden lässt.

Rezeptvorschlag:

Frühlingssuppe mit Gänseblümchen

8 mittelgroße Kartoffeln | 3 Zwiebeln | 4 Bio-Möhren | 1 Handvoll junge Brennnesselblätter, 2 Handvoll junges Gänseblümchenkraut, Salz | Pfeffer, frisch gemahlen | Butter | 1,5 l Wasser oder Gemüsebrühe

Das Gemüse schälen und in Würfelchen schneiden. Sowohl die Blätter der Gänseblümchen als auch die der Brennnessel in feine Streifen schneiden. Die fein gehackten Zwiebeln in Butter glasig anbraten, die Möhren und die Blätterstreifen zugeben und kurz andünsten. Das Wasser oder die Gemüsebrühe zugeben. Ebenso die Kartoffelwürfel. So lange köcheln lassen, bis das Gemüse gar ist. Mit Salz und Pfeffer abschmecken.

Steckbrief

Familie:	Korbblütler *(Asteraceae)*
Standort:	Wegrand, Schuttplätze
Wuchshöhe:	30 bis 100 cm
Lebensdauer:	einjährig
Blütezeit:	Juni bis Oktober
Blütenfarbe:	gelb
Blütenblätter:	mehr als fünf
Blütenstand:	Rispe
Laubblätter:	gelappt, wenig gezähnt, spitz, wechselständig, kahl, gestielt, blaugrün
Stängel:	kantig, hohl, fleischig, kahl, aufrecht, verzweigt, grün bis rot überlaufen
Frucht:	Nuss

Verwendbare Pflanzenteile

Blätter

Erntezeit

Blätter: Mai bis Juni

Gänsedistel, Gewöhnliche

Sonchus oleraceus

auch Gemüse-Gänsedistel

Wenn man bei dem Wortbaustein „Distel" an schmerzhafte, stechende Pflanzen denkt, wird man bei der Gewöhnlichen Gänsedistel eines Besseren belehrt. Sie hat zwar auch einen spitzen Blattrand, aber er ist nicht so pieksig wie bei manch anderen Distelarten. Die Pflanze sieht dem Löwenzahn (*Taraxacum sect. Ruderalia*) in der Blattform recht ähnlich, kann jedoch in Form und Größe sehr stark variieren. Meist ist sie jedoch bis etwa 20 Zentimeter lang und bis zu zehn Zentimeter breit. Die weichen Laubblätter umwachsen den Stängel und stehen wechselständig. Der Stängel, der hohl und fleischig ist, führt, genauso wie auch die Laubblätter, einen weißen Milchsaft. Die Blüten sind gelb und bilden nach der Blüte eine Pusteblume.

Als Heilpflanze hat sie heute keine Bedeutung mehr. Bei den Ägyptern kam jedoch der Milchsaft zum Einsatz. Als Warzenmittel oder auch eingenommen soll er harntreibend und milchbildend wirken. Die Gewöhnliche Gänsedistel enthält Gerbstoffe, Eisen, Vitamin C und im Milchsaft Kautschuk.

Früher wurde die Gewöhnliche Gänsedistel als Gemüsepflanze angebaut. Heute denkt man daran nicht mehr. Vielmehr gilt sie als Ackerunkraut. Sie besitzt einen kohlartigen, etwas bitteren Geschmack. Wenn man sie in der Küche verwenden will, kann man sie ähnlich wie den Löwenzahn zubereiten: als frischen Salat, als Gemüse oder in einem grünen Smoothie. Wer mag, kann sie auch in einer Schinken-Käsesahnesoße verwenden. Dazu zwei Handvoll junge Gänsedistelblätter zusammen mit fein gehackten Zwiebeln in Butter andünsten. In einem separaten Topf etwas Butter schmelzen und 150 Gramm fein geschnittenen Kochschinken darin kurz wenden. 250 Gramm süße Sahne dazugeben und 150 Gramm Kräuterschmelzkäse darin auflösen. Mit Salz, Pfeffer und geriebener Muskatnuss abschmecken. Die gedünsteten Gänsedistelblätter dazugeben, kurz aufkochen und zu „al dente" gekochter Pasta servieren.

Geißbart, Wald-

Aruncus dioicus
auch Johanniswedel

Der Wald-Geißbart ist eine große, horstig wachsende Pflanze mit einer imposanten Wuchshöhe. An idealen Standorten kann er durchaus auch einmal bis zu zwei Meter hoch werden. An einem hohen, aufrechten Stängel wachsen die gefiederten Laubblätter, die bis zu einem Meter lang wachsen können. Aber auch der Blütenstand ist beachtlich. Bis zu 10.000 kleine Blütchen können an einer Pflanze stehen. Sie sitzen gestielt an bis zu 30 Zentimeter langen Rispen, die nach unten überhängen. Die Einzelblüten sind kaum größer als drei Millimeter. Sie verströmen einen recht angenehmen Duft. Von September bis Oktober reifen die Balgfrüchte mit den Samen heran. Diese werden durch Wind und Regen verbreitet. Die eigentliche Vermehrung entsteht aber durch das Rhizom.

Was kann man mit dieser Pflanze in der Küche bewirken? Da mag man wohl staunen, aber der Wald-Geißbart war früher der Spargel der armen Leute. Heute erlangt er wieder an Bedeutung und viele Spitzenköche haben ihn wiederentdeckt. Man schneidet im zeitigen Frühjahr die etwa zehn Zentimeter langen Sprosse ab und bereitet sie ganz traditionell mit Sauce Hollandaise, Kartoffeln und gekochtem Schinken zu. Schälen muss man die Sprosse nicht, da sie eine dünne Haut besitzen. Der Blattansatz kann auch verwendet werden. Auch als Gemüsecremesuppe schmeckt der Wald-Geißbart lecker. Jedoch sollte man die Pflanze nicht in übermäßigen Mengen verzehren, da sie eine giftige Blausäureverbindung enthält.

In der Heilkunde wird die Pflanze vor allem bei Magenproblemen eingesetzt. Außerdem gilt sie als fiebersenkend. Sie enthält viel Wasser und wenig Fette. So hilft sie im Frühjahr den Körper zu entschlacken.

Steckbrief

Familie:	Rosengewächse *(Rosaceae)*
Standort:	Waldrand
Wuchshöhe:	50 bis 150 cm
Lebensdauer:	mehrjährig
Blütezeit:	Juni bis Juli
Blütenfarbe:	weiß
Blütenblätter:	fünf
Blütenstand:	Rispe
Laubblätter:	unpaarig gefiedert, eiförmig, spitz, grün gezähnt, kahl, wechselständig
Stängel:	rund, grün, aufrecht
Frucht:	Balgfrucht

Verwendbare Pflanzenteile

Stängel

Erntezeit

Stängel: April bis Mai

Giersch, Gewöhnlicher

Aegopodium podagraria
auch Geißfuß

Steckbrief

Familie:	Doldenblütler *(Apiaceae)*
Standort:	Wiesen, Weiden, Laubwälder
Wuchshöhe:	30 bis 100 cm
Lebensdauer:	mehrjährig
Blütezeit:	Juni bis August
Blütenfarbe:	weiß, rosa
Blütenblätter:	fünf
Blütenstand:	Dolde
Laubblätter:	eiförmig, spitz, weich gezähnt, kahl, gestielt, gefiedert, wechselständig
Stängel:	dreikantig, aufrecht, grün, kahl, verzweigt
Frucht:	Spaltfrucht

Verwendbare Pflanzenteile
Blätter, Blüten

Erntezeit

Blätter:	April bis Mai
Blüten:	Juni bis August

Der Gewöhnliche Giersch ist der Schrecken aller Zierrasen. Da, wo er einmal Fuß gefasst hat, ist er nicht mehr so schnell in Schach zu halten. Mit seinen langen, unterirdischen Rhizomen bildet er sehr schnell ganze Gierschteppiche. Gut, dass man ihn auch in der freien Natur findet. Er hat lange, aufrechte, im oberen Bereich der Pflanze verzweigte Stängel, an denen nur wenige Laubblätter stehen. Die größten werden etwa acht Zentimeter lang. Die Blüten stehen an einer 12- bis 15-strahligen Dolde und sind etwa drei Millimeter groß. Unter der Dolde wachsen keine Laubblätter. Wie bei allen Doldenblütlern muss man beim Sammeln und Ernten große Vorsicht walten lassen. Eine Verwechslung mit anderen giftigen Doldenblütlern ist schnell geschehen.

Der Geschmack von Gewöhnlichem Giersch liegt irgendwo zwischen Petersilie und Möhre. Die jungen Blätter sind zart, die Stängel sollte man besser entfernen. Auch die Blüten lassen sich als essbare Dekoration oder im Gericht selbst verwenden. Die Laubblätter des Gewöhnlichen Gierschs lassen sich vielseitig in der Küche verwenden: roh als Salat von jungen Laubblättern, in Kräuterquark, als spinatartiges Gemüse, in Suppen oder in grünen Smoothies. Alternativ kann man das junge Kraut als Pesto zubereiten.

Der Gewöhnliche Giersch ist reich an Kalium, Magnesium, Kalzium, Zink, Mangan, Vitamin A und C. Außerdem enthält er ätherisches Öl und Flavonoide. In der Heilkunde gilt er als harntreibend, entschlackend und entzündungshemmend.

Rezeptvorschlag:

Pesto mit Giersch

350 g junge Gierschblätter | 1/4 l gutes Olivenöl | 80 g Parmesan, frisch gerieben | 3 Möhren | 1 Knoblauchzehe | Salz, Pfeffer, frisch gemahlen | 2 EL Pinienkerne

Den Giersch waschen und trockentupfen. Die Möhren putzen und fein raspeln. Gierschblätter, geraspelte Möhren, gepresste Knoblauchzehe und Parmesan zusammen mit dem Olivenöl in einem Mixer gut pürieren. Mit Pfeffer und Salz abschmecken. Die Pinienkerne in einer beschichteten Pfanne ohne Fett leicht anrösten und ebenso in den Mixer geben. Alles nochmal kurz durchpürieren. Schmeckt zu Pasta und zu Vorspeisen.

Glockenblume, Wiesen-

Campanula patula
auch Wiesenschelle

Steckbrief

Familie:	Asternartige *(Asterales)*
Standort:	Wiesen, Wegrand, Gebüsch
Wuchshöhe:	20 bis 70 cm
Lebensdauer:	zweijährig
Blütezeit:	Mai bis Juli
Blütenfarbe:	rosa bis hellviolett
Blütenblätter:	fünf
Blütenstand:	Traube
Laubblätter:	eiförmig, schmal, lanzettig, kurzgestielt, ganzrandig, wechselständig
Stängel:	kantig, grün, teils behaart, aufrecht, stark verzweigt
Frucht:	Kapsel

Verwendbare Pflanzenteile
Blätter

Erntezeit

Blätter:	April bis Mai
Blüten:	Mai bis Juli
Wurzel:	August bis Oktober

Wunderschön sind die Blüten der Wiesen-Glockenblume anzusehen, wenn sie im Wind wie kleine Glocken hin und her wiegen. Sie bilden an einem verzweigten langen Stängel lockere rosa bis hellviolette Blütentrauben. Die Blüten sind trichterförmig mit spitzen, nach außen gewölbten Blütenblättern. Wenn die Sonne scheint, dreht die Wiesen-Glockenblume ihre Blüten immer in Richtung der Sonne. Nachts und bei Regen bleiben sie geschlossen, um den Pollen vor Nässe zu schützen. Die Laubblätter sind eiförmig und schmal mit kurzem Stiel.

Von der Wiesen-Glockenblume lassen sich Blätter, Blüten und Wurzeln in der Küche verarbeiten. Die jungen Blätter verwendet man in Wildkräutersalaten. Wenn Sie wieder mal Kartoffelsuppe kochen, geben Sie einfach einige gehackte junge Blätter mit dazu und dekorieren die fertige Suppe mit den Blüten. Sieht nicht nur schön aus, sondern schmeckt auch gut. Die Wurzel kann man in der Pfanne dünsten oder auch roh in den Salat raspeln.

Die Blüten eignen sich als essbare Dekoration. Der Geschmack der Pflanze ist erbsenartig. In der Heilkunde kommt der Wiesen-Glockenblume keine Bedeutung zu. Man sagt ihr eine leicht antiseptische und adstringierende Wirkung nach. Sie enthält vor allem Vitamin C und Inulin.

Gundelrebe, Gewöhnliche

Glechoma hederacea
auch Gundermann

Die Gundelrebe ist ein mehrjähriges, wintergrünes Pflänzchen und erscheint oft auch unter dem Namen „Gewöhnlicher Gundermann". Mit ihren niederliegenden Stängeln erreicht sie nur eine Wuchshöhe von etwa 30 Zentimetern. So übersieht man sie auch oft auf den Wiesen. Die blauen oder violetten Blüten sind Lippenblüten, die nur etwa 20 Millimeter groß sind, und stehen in Scheinquirlen an den Blattachseln. Die Laubblätter sind herzförmig und rund. Sie werden etwa fünf Zentimeter groß. Aus den niederliegenden Pflanzenteilen treiben immer wieder neue Wurzeln, die dann in den Boden einwachsen.

Die Gewöhnliche Gundelrebe wurde in der Heilkunde bei Magen-Darm-Problemen oder Grippe eingesetzt. Sie enthält viele Bitter- und Gerbstoffe, außerdem Vitamin C und Kalium. Der Geschmack der Pflanze ist daher aromatisch.

Wenn man die Pflanze in der Küche verwendet, so sollte man mit der Dosierung eher sparsam sein. Sonst hat man schnell ein bitteres Gericht gezaubert. Aber einige Blättchen in Kräuterquark, Suppe oder in Rührei geben den Gerichten eine gute Würze.

Steckbrief

Familie:	Lippenblütler *(Lamiaceae)*
Standort:	Wiesen, Weiden
Wuchshöhe:	10 bis 30 cm
Lebensdauer:	mehrjährig
Blütezeit:	März bis Mai
Blütenfarbe:	blau bis violett
Blütenblätter:	symmetrisch verwachsen
Blütenstand:	Scheinquirl
Laubblätter:	herzförmig, rund, grün gezähnt, kahl oder leicht behaart, gegenständig
Stängel:	vierkantig, rötlich, niederliegend, oben aufsteigend, behaart
Frucht:	Spaltfrucht

Verwendbare Pflanzenteile
Blätter

Erntezeit

Blätter:	März bis Juni

Günsel, Kriechender

Ajuga reptans
auch Güldengünsel

Steckbrief

Familie: Lippenblütler *(Lamiaceae)*
Standort: Wiesen, Wegrand, Gebüsch
Wuchshöhe: 20 bis 70 cm
Lebensdauer: mehrjährig
Blütezeit: April bis August
Blütenfarbe: blau bis violett
Blütenblätter: symmetrisch verwachsen
Blütenstand: Quirl
Laubblätter: oval, kurzgestielt, wenig gewellt, glänzend, gegenständig
Stängel: kantig, grün bis rötlich überlaufen, teils behaart, aufrecht
Frucht: Spaltfrucht

Verwendbare Pflanzenteile
Blätter, Blüten

Erntezeit
Blätter: März bis Juni
Blüten: März bis Juni

Der Kriechende Günsel bildet mit seinen langen, bodennahen Ausläufern, aus denen die Stängel austreiben, große Teppiche, die manchmal ganze Wiesen überziehen. Der Stängel ist grün und oft rötlich überlaufen. Die Behaarung liegt an zwei gegenüberliegenden Stängelseiten. Die Laubblätter sind oval und werden etwa sieben Zentimeter lang. Am Ende jedes Stängels erscheint die Blütenkrone. Die blauen bis violetten Lippenblüten stehen in Quirlen um den Stängel herum. Sie werden etwa 17 Millimeter groß. Das Besondere der Blüte ist, dass die Oberlippe fast ganz zurückgezogen ist. So kann man direkt die Staubgefäße erblicken.

In der Küche werden die jungen Blätter sowie die Blüten verwendet. In Kräuterbutter oder Frühlingssalat. Aber sparsam dosiert, da ihr Geschmack eher bitter ist. Er erinnert etwas an den des Chicorées.

In der Heilkunde wird dem Kriechenden Günsel eine entzündungshemmende Wirkung nachgesagt. Er soll die Schleimhaut beruhigen und den Stoffwechsel anregen. Er enthält Gerbstoffe, ätherisches Öl und Saponine. Interessant ist auch das Glykosid Harpagosid. Dieses wirkt bei Rheuma und kommt ebenso in der Teufelskralle (*Harpagophytum procumbens*) vor, die als Heilpflanze eher bekannt ist.

Guter Heinrich

Chenopodium bonus-henricus
auch Dorfgänsefuß

Guter Heinrich ist ein Fuchsschwanzgewächs. Er wächst gern an Wegen und auf Äckern. Dort wird er bis zu 50 Zentimeter hoch. An einem langen, aufrechten, leicht mehligen und klebrigen Stängel stehen die großen Laubblätter. Sie können durchaus bis zu 12 Zentimeter lang werden. Auch sie sind anfangs leicht mehlig. Die kleinen, nur etwa drei Millimeter großen unscheinbaren Blüten stehen in einer langen Scheinähre.

Die Pflanze wurde früher als Gemüsepflanze angebaut, geriet aber dann in Vergessenheit. Guter Heinrich ist sehr gesund. Die Pflanze enthält sehr viel Vitamin C und Eisen. Der Geschmack ist spinatähnlich. Und genauso lässt er sich auch zubereiten. Will man mal was anderes ausprobieren, kann man das mit einer Lasagne mit Gutem Heinrich versuchen. Hierzu etwa ein Kilogramm Blätter putzen, waschen und in einer Pfanne zusammen mit klein geschnittener Zwiebel in Olivenöl kurz andünsten und beiseite stellen. 2 Becher Crème fraiche, 250 Gramm Magerquark, 3 Eier verrühren und mit Meersalz und frisch gemahlenem Pfeffer sowie etwas Muskatnuss pikant abschmecken. 1 Bund Basilikum hacken und unterrühren. Außerdem einige Tomaten klein würfeln. Den Backofen auf 200 °C vorheizen. Eine Lasagneform mit Olivenöl fetten. Nun immer schichtweise Lasagneblätter, Guter Heinrich, Quark-Creme, Tomatenwürfel einfüllen. Die letzte Schicht sollte die Quark-Creme sein. Jetzt alles mit einer Mischung aus Parmesan und würzigem Bergkäse bestreuen. Etwa 45 Minuten backen.

In der Heilkunde wird nur das Kraut der frischen Pflanze verwendet. Es gilt als leichtes Abführmittel. Außerdem kann man es bei Hautproblemen nutzen.

Steckbrief

Familie:	Fuchsschwanzgewächse *(Amaranthaceae)*
Standort:	Wege, Äcker
Wuchshöhe:	25 bis 50 cm
Lebensdauer:	mehrjährig
Blütezeit:	Juni bis August
Blütenfarbe:	gelbgrün
Blütenblätter:	unscheinbar
Blütenstand:	Scheinähre
Laubblätter:	rautig,lanzettig, grün bis rot überlaufen, ganzrandig, leicht mehlig, langgestielt, wechselständig
Stängel:	vierkantig, grün bis rötlich überlaufen, mehlig, klebrig, aufrecht
Frucht:	Nuss

Verwendbare Pflanzenteile
Blätter

Erntezeit

Blätter:	April bis Juni

Habichtskraut, Kleines

Hieracium pilosella
auch Mäuseohr

Steckbrief

Familie:	Korbblütler *(Asteraceae)*
Standort:	magere Böden, lichte Wälder
Wuchshöhe:	10 bis 30 cm
Lebensdauer:	mehrjährig
Blütezeit:	Juni bis September
Blütenfarbe:	gelb
Blütenblätter:	mehr als fünf
Blütenstand:	Einzelblüte
Laubblätter:	länglich, kurzgestielt, ungezähnt, filzig behaart, Rosette
Stängel:	rund, grün bis rötlich überlaufen, behaart, aufrecht
Frucht:	Nuss

Verwendbare Pflanzenteile

Blätter

Erntezeit

Blätter:	April bis Mai
Blüten:	April bis Mai

Das Kleine Habichtskraut bildet mit seinen Ausläufern sehr schnell ganze Teppiche aus. Aus jedem Ausläufer treiben Wurzeln, die sofort wieder in die Erde einwachsen. Aus diesen treiben dann die Laubblätter aus, die in einer grundständigen Rosette stehen. Sie sind behaart, länglich und werden etwa fünf Zentimeter lang. Aus der Blattrosette treibt der bis zu 30 Zentimeter lange Stängel aus. Auch dieser ist behaart. Am Ende des Stängels wächst eine gelbe Korbblüte. Sie wird etwa 15 Millimeter groß und sieht dem Löwenzahn (*Taraxacum sect. Ruderalia*) sehr ähnlich. Allerdings haben die Blütenblätter des Kleinen Habichtskrauts am Rand oft orangefarbene Streifen. Nach der Blüte bildet sich eine Pusteblume (Achäne), die die kleinen Samen durch den Wind verbreitet.

Das Kleine Habichtskraut enthält Flavonoide, Gerb- und Bitterstoffe sowie Schleimstoffe. Deshalb wird es auch gern in der Heilkunde als Mittel gegen Erkältungen als Tee vom Kraut angewendet. Sein Geschmack ist herb. Will man es in der Küche nutzen, sollte man die jungen Blätter sehr klein hacken, damit die Blatthaare nicht stören. Dann kann man sie in geringer Menge zu Salaten oder Kräuterquark geben. Die Blüten sind essbare Dekoration oder auch verwendbar als „Falsche Kapern“.

Hasel, Gemeine

Corylus avellana
auch Haselnuss

Die Gemeine Hasel ist ein buschig wachsender, sommergrüner Strauch, der an Waldrändern und Gebüschen zu finden ist. An seinen glatten Ruten bilden sich jedes Jahr im Herbst die männlichen Blüten aus. Diese überwintern geschlossen. Ab Februar öffnen sie sich und geben den gelben Blütenpollen preis. Die männlichen Kätzchen werden etwa sechs Zentimeter lang. Weibliche Blüten sind rötlich und unscheinbar. Ihre Blüten erscheinen vor dem Blattaustrieb. Die Befruchtung erfolgt durch den Wind. Die Laubblätter sind ei- oder herzförmig und werden etwa sieben Zentimeter groß. Im Frühjahr machen die gelben Pollenwolken den Allergikern sehr zu schaffen. Als Frucht bildet sich eine braune Nuss. Eichhörnchen, Marder, aber auch der Kleiber sammeln diese Nüsse und verbreiten so die Samen.

Die Frucht der Gemeinen Haselnuss enthält vor allem Fette, Zucker, Eiweiß, Vitamin B und E sowie viele Mineralstoffe. Der Geschmack ist nussig.

Knackt man die Nüsse auf, befinden sich darin die eigentlichen Früchte, die von einer dünnen Haut umgeben sind. Hauptsächlich kennt man sie als Zutat in Kuchen, Eis und in der Weihnachtsbäckerei. Aber auch in Salaten oder einfach nur als Knabberei sind sie sehr lecker. Wer „Nervennahrung" benötigt, kann sich eine Mischung aus Haselnüssen, Walnüssen, Mandeln und Rosinen herstellen. Ein paar Handvoll geknabbert, liefern dem Körper wichtige Nährstoffe.

Steckbrief

Familie:	Birkengewächse *(Betulaceae)*
Standort:	Gebüsch, Waldrand
Wuchshöhe:	bis 10 m
Lebensdauer:	bis 100 Jahre
Blütezeit:	Februar bis April
Blütenfarbe:	gelbgrün
Blütenblätter:	fünf
Blütenstand:	Kätzchen
Laubblätter:	ei- bis herzförmig, spitz, gesägter Rand, leicht behaart
Rinde:	braun, glänzend, weiße Male
Frucht:	Nuss

Verwendbare Pflanzenteile
Frucht

Erntezeit

Frucht:	ab September

Heidelbeere

Vaccinium myrtillus
auch Blaubeere

Steckbrief

Familie:	Heidekrautgewächse (*Ericaceae*)
Standort:	Heide, Moore, Laubwälder
Wuchshöhe:	20 bis 50 cm
Lebensdauer:	bis 30 Jahre
Blütezeit:	April bis Juni
Blütenfarbe:	rot
Blütenblätter:	fünf verwachsen
Blütenstand:	Traube
Laubblätter:	oval, spitz, gezähnt, kahl, gestielt, grün, wechselständig
Stängel:	kantig, kriechend, braun, kahl, verzweigt
Frucht:	Beere

Verwendbare Pflanzenteile
Blätter, Früchte

Erntezeit

Blätter:	August
Früchte:	Juli bis August

Die Heidelbeere findet man in Laubwäldern oder auf Heideflächen. Der kleine Strauch hat kriechende Stängel, die sich reichlich verzweigen. Während der Blütezeit erscheinen die kleinen, etwa fünf Millimeter großen Blüten. Diese sind kugelförmig nach unten hängend und meist rot gefärbt. Aus diesen ballonartigen Blüten entwickeln sich nach der Befruchtung die Beeren, die etwa einen Zentimeter groß sind. Sind sie reif, haben sie eine blaue, fast schwarze matte Farbe. Die Laubblätter sind oval und spitz und ebenso kahl wie der Stängel. In milden Wintern behält das Laub der Heidelbeere oft seine grüne Farbe. Sonst setzt im Herbst die karminrote Herbstfärbung ein.

Die Heidelbeeren sind saftig und süß. Sie enthalten Gerbstoffe, Flavonoide, Mangan, Pektin und Zucker. In den Blättern sind sekundäre Pflanzenstoffe enthalten.

In der Heilkunde nutzt man die getrockneten Blätter und Beeren als Tee bei Durchfallerkrankungen. Die frischen Beeren dagegen wirken abführend. Außerdem hilft der Tee aus den Blättern bei Diabetes. Der in den Beeren enthaltene Farbstoff Anthocyan ist ein natürliches Antibiotikum.

In der Küche verwendet man natürlich nur die leckeren Früchte. Als Marmelade, Chutney, in Kuchen oder getrocknet im Müsli. Auch als Sorbet machen sich die kleinen Beeren gut.

Rezeptvorschlag:

Blaubeeren-Sorbet

700 g Heidelbeeren | 450 g Läuterzucker | Saft von einer Zitrone

Die gesäuberten Heidelbeeren, den Zitronensaft und den Läuterzucker (kaufen oder selber herstellen) in einer Schüssel vermischen. Danach mit dem Pürierstab zerkleinern und durch ein Sieb passieren. Die Fruchtmasse gibt man nun in ein für die Tiefkühltruhe geeignetes Gefäß. Dann ab in den Tiefkühler. Nun heißt es alle 20 Minuten die Masse mit dem Schneebesen kräftig aufschlagen, bis sie eine cremeartige Festigkeit hat. In der Eismaschine geht die Sache allerdings viel einfacher und man läuft nicht Gefahr, dass das Sorbet beim Gefrieren Kristalle bildet. Nun in Dessertgläser geben, mit einigen frischen Beeren und Minzeblättchen garniert servieren.

Hellerkraut, Acker-

Thlaspi arvense
auch Acker-Pfennigkraut

Steckbrief

Familie:	Kreuzblütler *(Brassicaceae)*
Standort:	Schuttplätze, Wege
Wuchshöhe:	30 bis 60 cm
Lebensdauer:	einjährig
Blütezeit:	Mai bis August
Blütenfarbe:	weiß
Blütenblätter:	vier
Blütenstand:	Traube
Laubblätter:	lang, schmal, gezähnt, ungestielt, oben stängelumfassend, unten rosettig
Stängel:	kantig, gerillt aufrecht, oben verzweigt, kahl, grün
Frucht:	Schote

Verwendbare Pflanzenteile
Blätter, Blüten

Erntezeit

Blätter:	Mai bis Juni
Blüten:	April bis Juni

Das Acker-Hellerkraut ist eine einjährige, aufrecht wachsende Pflanze, die gern auf Schuttplätzen, Wegen oder auch Lehmboden wächst. Ihre Laubblätter sind lang, spatelartig, wechselständig und umfassen im oberen Bereich der Pflanze den Stängel. Im unteren Bereich sind die Laubblätter oft rosettig angeordnet. Zerreibt man sie in den Händen, riechen sie lauchartig. Das Acker-Hellerkraut ist unbehaart. Der kantige Stängel verzweigt sich im oberen Teil der Pflanze. An diesen Verästelungen entwickelt sich der weiße Blütenstand, der in endständigen Trauben steht. Die Blüten sind etwa 15 Millimeter groß. Nach der Blüte entwickeln sich die flachen, runden Schotenfrüchte, die am oberen Rand einen tiefen Einschnitt haben. Sie sehen einer Münze ähnlich. Daher auch der weit verbreitete Name „Acker-Pfennigkraut".

Das Acker-Hellerkraut enthält Senföle, ätherisches Öl, Bitterstoffe, Magnesium und Vitamin C und B. Der Geschmack des Acker-Hellerkrauts ist durch das Senföl daher senfartig scharf.

In der Küche werden vorwiegend die Blätter und Blüten verwendet. Als pikante Salatbeigabe eignen sie sich bestens. Die jungen Blätter lassen sich auch mit guter Butter dünsten und als Gemüse verzehren.

In der Heilkunde gilt die Pflanze als antibakteriell, entzündungshemmend und entschlackend. Sie wird sowohl äußerlich als auch innerlich angewendet.

Rezeptvorschlag:

Kartoffelsalat mit Acker-Hellerkraut

1 kg Kartoffeln, festkochend | 800 g junge Acker-Hellerkrautblätter | 200 g Crème fraîche oder Mayonnaise | Meersalz | frisch gemahlener Pfeffer

Kartoffeln mit Schale kochen, bis sie noch stichfest sind. Abschütten, pellen und auskühlen lassen. Die Acker-Hellerkrautblätter säubern und in feine Streifen schneiden. Die ausgekühlten Kartoffeln in gleichmäßige Scheiben schneiden und zusammen mit den geschnittenen Acker-Hellerkrautblättern in eine Schüssel geben. Crème fraîche oder Mayonnaise mit Meersalz und frisch gemahlenem Peffer verrühren und abschmecken. Das Ganze über die Kartoffeln und Blätter geben. Durchrühren. Eignet sich gut als Beilage.

Himbeere, Echte

Rubus idaeus
auch Hohlbeere

Steckbrief

Familie: Rosengewächse *(Rosaceae)*
Standort: Waldrand
Wuchshöhe: 70 bis 250 cm
Lebensdauer: mehrjährig
Blütezeit: Mai bis August
Blütenfarbe: weiß
Blütenblätter: fünf
Blütenstand: Traube
Laubblätter: unpaarig gefiedert, eiförmig, gestielt, gezähnt, grün, unterseits behaart, wechselständig
Stängel: rund, grün, aufrecht, verzweigt, stachelig
Frucht: Sammelfrucht

Verwendbare Pflanzenteile
Blätter, Früchte

Erntezeit
Blätter: April
Früchte: August bis September

Die Echte Himbeere ist ein bis zu 2,50 Meter hoch werdender Strauch. An Waldrändern ist sie häufig zu finden. Aus dem Rhizom treiben viele Ruten aus, die sich immer mehr verzweigen und schließlich einen Strauch bilden. Die Blätter stehen in bis zu sieben gestielten Fiederblättchen zusammen. Sie sind auf der Blattunterseite weich behaart. Im Herbst verliert der Strauch seine Blätter. Blüten treibt die Echte Himbeere erst am zweijährigen Trieb. Die etwa zehn Millimeter großen, weißen Blüten hängen nach unten und stehen in lockeren Trauben zusammen. Nach der Befruchtung bildet sich eine sogenannte „Sammelfrucht“. Das heißt, jede kleine Kugel, die wir an der Beere sehen können, ist genau genommen eine eigenständige Frucht. Die Fruchtreife beginnt meist im August und kann bei mildem Herbstwetter manchmal bis in den Oktober hinein gehen.

Die Früchte der Echten Himbeere sind äußerst schmackhaft und gesund. Die Blätter und Früchte enthalten Flavonoide, Gerbstoffe, Vitamin C und B und viele Mineralstoffe. Das Beste jedoch ist, dass in den Früchten kaum Zucker enthalten ist. Deshalb sind sie besonders kalorienarm. Zu verwenden sind sie sehr vielseitig: als Sirup, Saft, in Kuchen, Obstsalat, Marmelade, Essig oder Desserts. Aber auch als Smoothie machen die Früchte was her: etwa 300 Gramm Himbeeren zusammen mit guter Kokosmilch, etwa 300 ml Wasser, einer Handvoll Crush-Ice und etwas Rohrzucker in den Mixer geben und gut durchmixen. In hohe Gläser füllen. Mit Minzeblättchen garnieren.

In der Heilkunde werden die Himbeerblätter als Geburtsvorbereitungstee zubereitet. Aber auch bei Entzündungen im Halsraum sollen Spülungen mit dem Tee helfen.

Hirtentäschel, Gewöhnliches

Capsella bursa-pastoris
auch Blutkraut

Das Gewöhnliche Hirtentäschel ist eine häufig vorkommende Pflanze. Sie hat ein unterschiedliches Aussehen, was die Laubblätter betrifft. Die Laubblattformen reichen von gelappt über pfeilförmig bis hin zu länglich oval. Entweder sind sie sitzend oder gestielt oder ungestielt. Die Laubblätter bilden eine grundständige Rosette. Im oberen Pflanzenbereich sind sie noch vereinzelt zu finden. Der aufrechte Stängel verzweigt sich häufig. An den verzweigten Trieben bildet sich von Mai bis September der weiße, lockere Blütenstand aus. Die kleinen, nur etwa drei Millimeter großen, wenig behaarten Blüten stehen in lockeren Trauben zusammen. Als Frucht wird eine etwa acht Millimeter lange Schote gebildet, die die Samen enthält. Sie sieht aus wie die Tasche der Hirten. So bekam die Pflanze ihren Namen.

Das Gewöhnliche Hirtentäschel enthält in seinen Laubblättern viel Vitamin C, Flavonoide und Mineralstoffe sowie Glykoside. Sie schmecken ähnlich wie der Schmalblättrige Doppelsame (*Diplotaxis tenuifolia*), eher bekannt unter dem Namen „Rucola", also scharf-aromatisch, was an den Glykosiden liegt. In der Küche kann man die Blätter auch wie Rucola verwenden: als Salatzugabe oder kurz in Olivenöl gedünstet, auf Pizza, zu Pasta oder als Pesto. In China baut man das Gewöhnliche Hirtentäschel sogar als Gemüsepflanze an.

In der Heilkunde gilt das Kraut des Gewöhnlichen Hirtentäschels als wundheilend, abführend und blutstillend. Es wird bei Blutungen und Entzündungen verwendet.

Steckbrief

Familie:	Kreuzblütler *(Brassicaceae)*
Standort:	Weiden, Wege
Wuchshöhe:	15 bis 40 cm
Lebensdauer:	zweijährig
Blütezeit:	Mai bis September
Blütenfarbe:	weiß
Blütenblätter:	vier
Blütenstand:	Traube
Laubblätter:	pfeilförmig oder oval oder gelappt, behaart oder unbehaart, gestielt oder ungestielt, gezähnt, stängelumfassend, rosettig, rund, grün, wechselständig
Stängel:	kantig, grün bis rötlich, unten behaart, oben kahl, verzweigt
Frucht:	Schote

Verwendbare Pflanzenteile
Blätter

Erntezeit

Blätter:	März bis Juni

Holunder, Schwarzer

Sambucus nigra
auch Holderbusch

Steckbrief

Familie:	Moschuskrautgewächse *(Adoxaceae)*
Standort:	Waldrand, Wegränder
Wuchshöhe:	3 bis 7 m
Lebensdauer:	mehrjährig
Blütezeit:	Juni bis Juli
Blütenfarbe:	weißlich gelb
Blütenblätter:	fünf
Blütenstand:	Dolde
Laubblätter:	unpaarig gefiedert, eiförmig, gestielt, gezähnt, grün, gegenständig
Rinde:	graubraun
Frucht:	Steinfrucht

Verwendbare Pflanzenteile

Blüten, Früchte

Erntezeit

Blüten:	Mai bis Juni
Früchte:	August bis September

Der Schwarze Holunder ist ein stark verzweigter Strauch, der eine Höhe von sieben Meter erreichen kann. Seine Wuchsform ist kugelig und aufrecht. Im Frühjahr erscheinen die Laubblätter. Etwa ab März sprießen die Blätter hervor. Sie sind unpaarig gefiedert, wobei die gesamte Fiederlänge etwa 25 Zentimeter beträgt. Die Einzelblätter sind oval, gezähnt und gestielt. Sie erreichen eine Größe von etwa zehn Zentimeter. Während der Blütezeit erscheinen an den noch jungen Holzaustrieben lange, schirmartige Dolden mit kleinen, weißlich gelben Blüten. Sie werden etwa acht Millimeter groß und riechen eher unangenehm. Nach der Befruchtung entwickeln sich an der Dolde die kleinen, in der Fruchtreife fast schwarzen, glänzenden Holunderbeeren. Die Stiele färben sich dann dunkelrot.

In der Heilkunde ist der Holunder sehr beliebt bei Erkältungskrankheiten. Tee aus Holunderblüten gilt als fiebersenkend, schweißtreibend und entzündungshemmend. Holunderbeeren enthalten viel Vitamin B und C sowie Folsäure, die Blüten vor allem ätherisches Öl, Flavonoide und Gerbstoffe.

Roh sollte man nur wenige Beeren verzehren, da darin geringe Mengen an Blausäure enthalten sind. Am besten entsaftet man die Früchte und stellt daraus Sirup, Brotaufstriche, Likör oder Wein her. Aber auch eine Holundersuppe ist sehr schmackhaft. Dazu 600 Gramm reife Holunderbeeren zusammen mit einem Liter Wasser, zwei Esslöffeln Zitronensaft, vier Gewürznelken, etwas Zimt und einem klein geschnittenen Apfel etwa 15 Minuten köcheln. Alles durch ein Sieb passieren und den gewonnenen Sud zurück in den Topf geben. Zwei Esslöffel Speisestärke mit 100 Gramm Zucker mischen und mit etwas kaltem Wasser anrühren. Die Mischung in die Flüssigkeit einrühren und kurz aufkochen lassen. Die Suppe kann man sowohl kalt als auch warm servieren. Wer mag, gibt etwas Vanillesoße, Zwieback oder auch Grießnocken hinein.

Hopfen, Echter

Humulus lupulus
auch Zaunhopfen

Der Echte Hopfen ist ein wahrer Kletterkünstler. Mit seinen emporwachsenden Reben windet er sich um alles, was er zu fassen bekommt. Die Reben sind etwa zwei Zentimeter dick und rau. Recht spät im Jahr erscheinen die Blüten des Echten Hopfens. Die Blüten der männlichen Pflanzen wachsen hängend in lockeren Rispen und sind grün gefärbt. Weibliche Blüten hingegen sind zapfenartig, gelbgrün und ebenfalls hängend. Als Frucht bildet sich eine kleine, etwa 20 Millimeter große Nuss.

Der Echte Hopfen ist von jeher bekannt als Zutat beim Bierbrauen. Hierzu verwendet man jedoch nur die weiblichen, unbefruchteten Blüten. Sind sie befruchtet, mindert dies die Schaumbildung beim Bier. Die jungen Triebe des Echten Hopfens lassen sich jedoch gleichfalls verwenden. Als Spargelersatz erntet man die Sprosse ab April bis etwa Juni und bereitet sie ebenso zu. Wer mag, kann die jungen Triebe auch gratinieren. Dazu etwa 1 kg Sprosse kurz blanchieren, in eine gefettete Auflaufform geben, mit einer würzigen Kräuter-Sahnesoße übergießen und mit geriebenem Bergkäse bestreuen. Bei 200 °C etwa eine halbe Stunde gratinieren.

Hopfen enthält Bitterstoffe, Gerbstoffe und Flavonoide. In der Heilkunde gilt er als beruhigend, schlaf- und verdauungsfördernd. Außerdem enthält Hopfen ein sogenanntes „Phytoöstrogen“. Dies ist dem weiblichen Östrogen sehr ähnlich. Daher kann der Echte Hopfen auch bei Wechseljahresbeschwerden helfen. Der Geschmack ist aromatisch-bitter und baldrianähnlich.

Steckbrief

Familie: Hanfgewächse *(Cannabaceae)*
Standort: Gebüsch, Hecken
Wuchshöhe: 2 bis 6 m
Lebensdauer: mehrjährig
Blütezeit: Juli bis August
Blütenfarbe: grün
Blütenblätter: fünf
Blütenstand: Zapfen und Rispe
Laubblätter: gelappt, behaart, grün, gezähnt, langgestielt, gegenständig
Stängel: vierkantig, grün, kahl, kletternd
Frucht: Nuss

Verwendbare Pflanzenteile
Triebe, Blüten

Erntezeit
Triebe: April bis Juni
Blüten: Juli bis August

Huflattich, Gemeiner

Tussilago farfara
auch Breitlattich

Steckbrief

Familie:	Korbblütler *(Asteraceae)*
Standort:	Schuttplätze, Wege
Wuchshöhe:	10 bis 25 cm
Lebensdauer:	mehrjährig
Blütezeit:	Februar bis April
Blütenfarbe:	gelb
Blütenblätter:	mehr als zehn
Blütenstand:	Einzelblüte
Laubblätter:	herzförmig, wenig gezähnt, langgestielt, weich behaart, grün, grundständig
Stängel:	aufrecht, schuppig grünbraun
Frucht:	Nuss

Verwendbare Pflanzenteile
Blätter, Blüten

Erntezeit

Blätter:	Mai bis Juli
Blüten:	März bis April

Im zeitigen Frühjahr schon streckt der Gemeine Huflattich seine Blütenstängel aus dem Boden. An einem schuppigen, grün-bräunlichen, aufrechten Stängel bildet sich die gelbe Korbblüte aus, die etwa 15 Millimeter groß ist. Verwelkt diese, beugt sie sich hängend nach unten. Die Laubblätter wachsen erst nach der Blütezeit. Sie sind grundständig, langgestielt und werden etwa 20 Zentimeter groß. Die kleine Spitzen am Blattrand sind dunkel gefärbt. Als Frucht bildet sich ein weicher Blütenflaum (Pappus) ähnlich dem Gewöhnlichen Löwenzahn (*Taraxacum sect. Ruderalia*).

Der Gemeine Huflattich enthält hauptsächlich Schleimstoffe, Gerbstoffe und Inulin. In der Heilkunde findet der Huflattich aufgrund seiner Schleimstoffe häufig Anwendung bei Erkältungen. Dann wird aus den Blättern und Blüten ein Tee zubereitet, den man bei Husten trinkt. Häufig hört man, dass in der Pflanze auch Pyrrolizidinalkaloide enthalten sind, die krebsauslösend sein sollen. Dieses Alkoholid kommt in vielen Pflanzen vor, vor allem bei den Kreuzblütlern. Deshalb sollte man die Anwendung des Gemeinen Huflattichs auch auf einen kurzen Zeitraum beschränken. Dennoch war der Huflattich im Jahr 1994 Heilpflanze des Jahres. Huflattich-Tee, der im Handel angeboten wird, stammt meist aus Züchtungen und sollte frei von dem Alkoholid sein.

Der Geschmack des Gemeinen Huflattichs ist süßlich. Die Blätter eignen sich als Salatbeigabe. Als Gemüse ist er allein nicht wirklich geeignet. Aufgrund seiner Laubblattgröße lässt er sich jedoch sehr gut als Hülle für Füllungen, wie zum Beispiel bei Kohlrouladen, verwenden.

Rezeptvorschlag:

Huflattich-Röllchen

14 große, junge Huflattichblätter | 2 Zwiebeln | 175 ml gutes Olivenöl | 100 g Risotto-Reis | etwas Salz und Pfeffer | Saft einer Zitrone | 30 g Pinienkerne | 40 g Rosinen | etwa 400 ml Wasser

Zwiebeln fein hacken und in etwas Olivenöl andünsten, bis sie glasig sind. Risotto-Reis hinzugeben, mit 200 ml Wasser auffüllen und köcheln, bis der Reis weich ist. (Etwa 25 Minuten.) Es sollte kein Wasser mehr vorhanden sein. Die Rosinen und Pinienkerne unter den Reis mischen. Mit Salz und Pfeffer pikant abschmecken. Die harten Stiele der Huflattichblätter entfernen, die behaarte Blattseite nach oben legen und auf jedes 1 EL der Reismischung geben. Nun schlägt man die Blattseiten zusammen und wickelt rouladenartig fest auf. Die Röllchen nebeneinander in eine Auflaufform geben. Das übrige Wasser, Olivenöl und den Zitronensaft verrühren und über die Röllchen gießen. Sie sollten gut bedeckt sein. Bei 170 °C im Backofen etwa 30 bis 40 Minuten garen.

Hundsrose

Rosa canina
auch Hagebutte

Steckbrief

Familie:	Rosengewächse (*Rosaceae*)
Standort:	Waldrand, Gebüsch
Wuchshöhe:	bis 3 m
Lebensdauer:	bis 100 Jahre
Blütezeit:	Juni
Blütenfarbe:	rosa-weiß
Blütenblätter:	fünf
Blütenstand:	Traube
Laubblätter:	unpaarig gefiedert, spitz, gestielt, kahl, starr, gezähnt, grün
Rinde:	braun, glatt, dornig
Frucht:	Scheinfrucht / Nuss

Verwendbare Pflanzenteile
Blüten, Früchte

Erntezeit

Blüten:	Juni
Früchte:	Oktober, November

Sprechen wir von der Hundsrose, so meinen wir die Hagebutte. Oft wird sie mit der Heckenrose (*Rosa corymbifera*) verwechselt. Die Hundsrose besitzt jedoch Dornen und hat kleinere Blüten als die Heckenrose. Man findet die Hundsrose oft am Waldrand oder in Gebüschen. Dort wächst sie zu einem etwa drei Meter hohen Strauch heran. Unter idealen Bedingungen kann sie durchaus ein Alter von 100 Jahren erreichen. Im Juni erscheinen an den Zweigen die schönen rosa-weißen, etwa vier Zentimeter großen Blüten, die zu mehreren zusammenstehen. Die Blüte bleibt nur wenige Tage geöffnet, bevor sie verwelkt. Nach der Befruchtung bilden sich die Scheinfrüchte. Wir bezeichnen sie als Hagebutten. Wenn sie reif sind, sind sie feuerrot, oval, hart und etwa zwei Zentimeter groß. Oft bleiben einige Hagebutten bis zum nächsten Jahr am Strauch hängen. Vögel freuen sich über die Nahrung. Die Laubblätter sind Fiederblättchen. Das einzelne Blatt ist eher steif.

Die Hagebutten sind sehr Vitamin-C-reich. So schmecken diese auch herb-säuerlich. Die darin enthaltenen Kerne/Nüsschen, die mit feinen Härchen umgeben sind, werden von Kindern gern als Juckpulver verwendet. Die Scheinfrucht gilt als adstringierend und harntreibend, die Blüten dagegen als wundheilend. Sie enthalten ätherisches Öl.

Die Blütenblätter werden vor allem als Tee zubereitet oder in der Kosmetik für Öle verwendet. Die Hagebutte kann ebenso als Tee genutzt werden. Es lässt sich allerdings auch Mus herstellen, das man als Zutat für Hagebutteneis verwendet.

Rezeptvorschlag:

Hagebuttenmus

3 kg gesäuberte Hagebutten | Wasser (ergeben später etwa 1,5 kg Mus)

Einen großen Topf mit etwas Wasser befüllen (sodass der Boden reichlich bedeckt ist). Die Hagebutten zugeben und etwa eine halbe Stunde köcheln, bis sie weich sind. Dabei platzen die Früchte auf. Nun das Ganze durch ein Sieb oder mit einer Flotten Lotte passieren, damit die Kerne und die Schale zurückbleiben. Wer es ganz fein mag, wiederholt den Passiervorgang so lange, bis nichts mehr von den Schalen und Kernen im Mus übrig ist.

Das Mus läßt sich nun zusammen mit Fruchsaft zu Marmelade weiterverarbeiten. Man kann es aber auch direkt in saubere Schraubgläser geben und als Brotaufstrich oder zu Desserts verwenden. Es hält sich allerdings nicht so lange wie Marmelade. Eine Alternative wäre allerdings noch das Einfrieren.

Johannisbeere, Schwarze

Ribes nigrum
auch Cassis

Steckbrief

Familie: Stachelbeergewächse *(Grossulariaceae)*
Standort: Erlenbruch, Auwald
Wuchshöhe: 1 bis 2 m
Lebensdauer: mehrjährig
Blütezeit: April bis Mai
Blütenfarbe: rötlich-grün bis braun
Blütenblätter: fünf
Blütenstand: Traube
Laubblätter: herzförmig, langgestielt, gezähnt, grün, unterseits behaart, wechselständig
Rinde: graubraun
Frucht: Beere

Verwendbare Pflanzenteile

Blätter, Früchte

Erntezeit

Blätter: Juni
Früchte: Juli bis August

Die Schwarze Johannisbeere wächst wild in Auwäldern und Erlenbrüchen, was man sicher nicht vermutet. Sie ist ein etwa zwei Meter hoch werdender, stachelloser Strauch, der eine rundliche Wuchsform besitzt. Die Laubblätter sind herzförmig gezähnt, auf der Blattunterseite behaart und duften intensiv. Sie werden etwa neun Zentimeter groß. Die Blattoberseite ist meist etwas nach innen gerollt. Während der Blütezeit bilden sich die Blüten aus, die in lockeren Trauben nach unten hängen. Nach der Befruchtung wachsen dunkelblaue bis schwarze Beeren heran, die etwa fünf Millimeter groß werden. Seit dem Mittelalter wird die Schwarze Johannisbeere kultiviert. Heutzutage findet man den Strauch in vielen Gärten.

Die Schwarze Johannisbeere enthält in ihren Beeren sehr viel Vitamin C, Mineralstoffe, Flavonoide und Anthocyane, die Laubblätter ätherisches Öl und Flavonoide. Die Früchte schmecken säuerlich und werden in der Küche als Saft, Marmelade, als Smoothie, Chutney, auf Kuchen und getrocknet in Müsli verwendet. Außerdem sind die Beeren die Hauptzutat im Cassis-Likör. Die Blätter werden in der Heilkunde als Tee zubereitet. Dieser soll bei Gicht, Rheuma und Erkältungen helfen. Lecker ist auch ein Salat von jungem Blattspinat und Chicoree, der mit Schafskäse, gerösteten und gehackten Haselnüssen zusammen mit Schwarzen Johannisbeeren angerichtet wird. Das Dressing aus Aceto Balsamico, Johannisbeersirup, etwas Öl, Salz und Pfeffer rundet das Ganze ab. Lecker zu Wild.

Johanniskraut, Echtes

Hypericum perforatum
auch Herrgottsblut

Das Echte Johanniskraut findet man an sonnigen Standorten. Gefällt es der Pflanze, kann sie durchaus eine Wuchshöhe von 80 Zentimeter erreichen. An einem aufrechten, markigen, grün bis rötlichen Stängel wachsen im oberen Pflanzenbereich die kleinen gelben Blüten. Sie stehen in kleinen Rispen an dem sich im oberen Pflanzenabschnitt verzweigenden Stängel. Am Rand der Kronblätter erkennt man kleine dunkle Punkte. Zerreibt man die Blüten, tritt das darin enthaltene Hypericin aus. Es wurde als Antidepressivum eingesetzt. Heute nutzt man Hypericin auch in der Krebsdiagnose zum Markern der Krebszellen im Körper. Die Laubblätter sind oval bis länglich und am Stängel sitzend. Sie werden etwa drei Zentimeter lang. Hält man sie gegen das Licht, erkennt man kleine durchscheinende Punkte. Das sind Öldrüsen, die das ätherische Öl enthalten.

Das Echte Johanniskraut wird vor allem in der Heilkunde verwendet. Es gilt als Antidepressiva, beruhigend, blutstillend und entzündungshemmend. Es enthält das Hypericin, Flavonoide, Gerbstoffe und ätherisches Öl. Das Echte Johanniskraut ist Heilpflanze des Jahres 2015. Der Geschmack der Pflanze ist herb. Man kann die jungen Blätter und Blüten in geringer Dosierung zu Salaten oder in Eierspeisen geben. Aus den Blüten kann man das Johanniskrautöl herstellen. Es hilft bei der Wundheilung, bei Verbrennungen und Prellungen. Dazu sammelt man an sonnigen Tagen vorsichtig die einzelnen Blüten ab. Diese füllt man in eine Flasche und gibt Leinöl hinzu, bis die Blüten bedeckt sind. Die Flasche verschließen. Das Ganze an einen warmen, sonnigen Ort stellen, immer mal wieder durchschütteln und warten, bis sich das Öl rot einfärbt. Es dauert etwa sechs Wochen. Danach in eine dunkle Flasche abseihen und aufbewahren.

Steckbrief

Familie:	Hanfgewächse *(Cannabaceae)*
Standort:	Gebüsch, Hecken, Wege
Wuchshöhe:	40 bis 80 cm
Lebensdauer:	mehrjährig
Blütezeit:	Mai bis September
Blütenfarbe:	gelb
Blütenblätter:	fünf
Blütenstand:	Rispe
Laubblätter:	oval, länglich, ganzrandig, ungestielt, fleckig, gegenständig
Stängel:	zweikantig, grün-rötlich überlaufen, markig, aufrecht, steif, oben verzweigt
Frucht:	Kapsel

Verwendbare Pflanzenteile
Blätter, Blüten

Erntezeit

Blätter:	April bis Juli
Blüte:	April bis Juni

Steckbrief

Familie:	Korbblütler *(Asteraceae)*
Standort:	Schuttplätze, Wege
Wuchshöhe:	20 bis 50 cm
Lebensdauer:	einjährig
Blütezeit:	April bis September
Blütenfarbe:	weiß
Blütenblätter:	mehr als zehn
Blütenstand:	Einzelblüte
Laubblätter:	gefiedert, dünn, länglich, grün, kahl, wechselständig
Stängel:	rund, kahl, grün, aufrecht, oben verzweigt
Frucht:	Nuss

Verwendbare Pflanzenteile

Blüten, Knospen

Erntezeit

Blüten:	Mai bis Juli
Knospen:	April bis Mai

Kamille, Echte

Matricaria chamomilla

auch Mägdeblume

Die Echte Kamille ist eine stark duftende Pflanze. Man findet sie häufig auf Schutt- oder Brachflächen. An einem aufrechten, im oberen Pflanzenteil verzweigten Stängel wachsen die sehr dünnen fiederartigen Laubblätter wie kleine Fäden. Sie werden etwa sechs Zentimeter lang und sind nur etwa einen halben Zentimeter dick. Die weiße Korbblüte erscheint von April bis September. Der Blütenkorb ist bei der Kamille deutlich nach oben gewölbt und hohl. Die weißen Blütenblätter hingegen biegen sich nach unten. Die Blüte ist etwa drei Zentimeter groß und duftet stark.

In der Heilkunde ist die Echte Kamille wohl jedem schon einmal begegnet. Egal ob Kleinkinder oder Erwachsene – jeder musste wohl schon mal Kamillentee bei dem einen oder anderen Wehwehchen trinken. Die Blüten gelten als wundheilend, verdauungsfördernd, antiseptisch und schmerzstillend. In der Pflanze sind vor allem ätherisches Öl, Flavonoide und Schleimstoffe enthalten.

Die Blüten und Knospen schmecken bitter aromatisch. Deshalb sollte man sie eher sparsam einsetzen. Zusammen mit anderen Zutaten wie Zwiebeln oder Lauch harmonieren sie jedoch gut. Außerdem kann man aus Kamillenblüten zusammen mit Erdbeeren, Banane, Nektarine und etwas Saft eine leckeren Smoothie zubereiten.

Kastanie, Edel-

Castanea sativa
auch Marone

In warmen Landstrichen gedeiht die kälteempfindliche Edel-Kastanie. Im Laufe der Jahre erreicht sie eine beachtliche Höhe von bis zu 30 Meter, wobei der Stamm gedreht nach oben wächst. Er wird etwas zwei Meter dick. Auch die Lebensdauer ist mit 500 Jahren beachtlich. Die Rinde der Edel-Kastanie ist anfangs eher braun und glatt, später wird sie grau und reißt in Wachstumsrichtung gedreht auf. An den verzweigten Ästen wachsen aus den schon angelegten Knospen ab April die bis zu 20 Zentimeter langen Laubblätter. Die jungen Blätter sind anfangs noch behaart. Später sind sie dunkelgrün und glänzend. Ab einem Alter von 10 Jahren beginnt die Edel-Kastanie zu blühen. Die männlichen und weiblichen Blüten stehen gleichzeitig als etwa 20 Zentimeter lange Kätzchen am Baum. Nach der Befruchtung wachsen die stacheligen Kapselfüchte heran. Sind sie reif, platzen sie auf und geben die drei glänzenden Samen frei. Es sind die bekannten braunen, glänzenden Kastanien.

Die Früchte der Edel-Kastanie enthalten viele Kohlenhydrate, Vitamine, Stärke und Mineralstoffe wie zum Beispiel Kalium, Magnesium und Mangan. Deshalb waren die Früchte früher ein beliebtes Nahrungsmittel der armen Leute. Heute begegnen einem die Maronen sicher auf jedem Weihnachtsmarkt. Aber auch als Füllung in der Weihnachtsgans oder als Suppe sind sie köstlich. Sie schmecken nussartig und süß. Wer sie rösten und knabbern möchte, sollte die Schalen der Maronen kreuzweise einritzen, mit der Schnittstelle nach oben auf ein Backblech geben und bei etwa 200 °C etwa eine Viertelstunde in den Backofen schieben. Wenn die Maronen gar sind, öffnet sich die Schnittstelle etwas nach außen. Früchte herausnehmen, schälen und noch warm genießen.

In der Heilkunde werden die Früchte auch bei Durchfallerkrankungen oder Bronchitis eingesetzt.

Steckbrief

Familie:	Buchengewächse *(Fagaceae)*
Standort:	Weinbaugebiet
Wuchshöhe:	20 bis 30 m
Lebensdauer:	bis 500 Jahre
Blütezeit:	Juni bis Juli
Blütenfarbe:	gelbgrün
Blütenblätter:	sechs
Blütenstand:	Kätzchen
Laubblätter:	oval, länglich, spitz, gezähnt, grün, gestielt, wechselständig
Rinde:	graubraun, längsrissig
Frucht:	Kapsel

Verwendbare Pflanzenteile

Früchte

Erntezeit

Früchte:	August bis September

Kerbel, Wiesen-

Anthriscus sylvestris
auch Wilder Kerbel

Steckbrief

Familie:	Doldenblütler *(Apiaceae)*
Standort:	Wiesen, Wege
Wuchshöhe:	80 bis 150 cm
Lebensdauer:	zweijährig
Blütezeit:	April bis Juni
Blütenfarbe:	weiß
Blütenblätter:	fünf
Blütenstand:	Dolde
Laubblätter:	unpaarig gefiedert, spitz, gestielt, grün, etwas behaart, länglich
Stängel:	hohl, gefurcht, grün bis rötlich überlaufen, verzweigt
Frucht:	Spaltfrucht

Verwendbare Pflanzenteile

Blätter, Blüten

Erntezeit

Blätter:	April bis Mai
Blüten:	Mai

Der Wiesen-Kerbel ist ein Doldenblütler und kommt häufig an Wegrändern und Wiesen vor. Vor allem dort, wo reichlich gedüngt wird, gefällt es ihm. Im Frühjahr wachsen aus dem Rhizom die gefurchten, verzweigten Stängel empor. Diese sind hohl, grün bis rötlich überlaufen und stark gefurcht und im oberen Teil der Pflanze verzweigt. In der Blütezeit von April bis Juni erscheinen die kleinen, etwa vier Millimeter großen weißen Blüten. Sie stehen in großen, strahligen Dolden zusammen. Die Laubblätter sehen farnartig aus und sind leicht behaart. Das gesamte Fiederblatt wird etwa 30 Zentimeter lang. Als Frucht bildet sich eine etwa acht Millimeter lange Spaltfrucht.

Der Wiesen-Kerbel kann leicht mit anderen giftigen Doldenblütlern verwechselt werden. Also nur sammeln, wenn man sich hundertprozentig sicher ist! Der Wiesen-Kerbel ist eine vom Geschmack her würzige Pflanze. Dieser ähnelt dem des Gartenkerbels, ist aber intensiver. Die jungen Blätter machen sich gut in Salaten, Suppen und Kräuterbutter. Aber auch in Blätterteigtaschen, gefüllt mit Feta, oder auch auf einer Tarte zusammen mit Möhren und Ziegenkäse ist er sehr lecker. Die Blüten kann man als essbare Dekoration verwenden.

Der Wiesen-Kerbel enthält vor allem ätherisches Öl und Bitterstoffe. In der Heilkunde gilt er als harntreibend, verdauungsfördernd und entschlackend.

Rezeptvorschlag:

Möhren-Tarte mit Wiesen-Kerbel

450 g Möhren | 1 Handvoll junge Wiesen-Kerbel-Blätter | 200 ml süße Sahne | 4 Eier Größe M | 150 g Ziegenfrischkäse | 1 Packung TK-Blätterteig | Salz, frisch gemahlener Pfeffer, Muskatnuss | etwas Butter | 1 Tarteform 26 cm

Den Blätterteig nach Packungsanweisung antauen lassen. Die Möhren schälen und in etwas Wasser bissfest garen, abschütten und beiseite stellen. Die Tarteform gut fetten und mit dem Blätterteig auslegen, auch den Rand. Die Eier mit der Sahne und dem Frischkäse verrühren. Mit Salz, Pfeffer und etwas Muskatnuss pikant abschmecken. Den Wiesen-Kerbel hacken und unter die Masse ziehen. Möhren halbieren und auf dem Blätterteig verteilen. Mit der Eimasse begießen. Bei 175 °C etwa 45 Minuten backen. Noch warm servieren.

Kiefer, Wald-

Pinus sylvestris
auch Rotföhre

Steckbrief

Familie:	Kieferngewächse *(Pinaceae)*
Standort:	Heidewald, Moorgebiet
Wuchshöhe:	20 bis 40 m
Lebensdauer:	600 Jahre
Blütezeit:	Mai bis Juni
Blütenfarbe:	gelb oder violett
Blütenblätter:	zapfenartig ohne Hülle
Blütenstand:	Zapfenblüte
Laubblätter:	Nadeln, bläulich grün, spitz, steif, paarig
Rinde:	graubraun bis rötlich orange
Frucht:	Zapfen

Verwendbare Pflanzenteile

Blätter

Erntezeit

Blätter: März bis April

Die Wald-Kiefer ist ein anspruchsloser Baum, der bis zu 40 Meter hoch werden kann. Mit ihrer langen Wurzel kommt sie gut auch an tiefer gelegene Wasservorräte heran. Jedoch benötigt sie für ihr schnelles Wachstum viel Licht. Die Wuchsform ist mal kegelförmig und mal eher rundlich, je nach Standort. Am besten kann man die Wald-Kiefer an ihrer Rinde erkennen. Sie ist im unteren Stammbereich graubraun. Die Rinde reißt auf und wird dann rötlich. Der Stamm erreicht einen Durchmesser von etwa einem Meter. Die Blätter der Wald-Kiefer sind Nadeln. Sie werden etwa fünf Zentimeter lang und stehen paarweise an den Trieben. Während der Blüte stehen männliche und weibliche Blüten gleichzeitig am Baum. Männliche Blüten sind hängend und gelb gefärbt. Sie fallen nach der Blüte ab. Weibliche Blüten dagegen sind rötlich und bilden nach der Befruchtung die Kiefernzapfen aus, die zwischen den Schuppen nach etwa zwei Jahren die Samen preisgeben.

Die Wald-Kiefer enthält in den Triebspitzen vor allem ätherisches Öl, Gerb- und Bitterstoffe sowie Vitamin C. Sie schmecken aromatisch-herb und werden in der Heilkunde zur Herstellung von Kiefernnadelöl verwendet. Dieses kann man bei Gelenkschmerzen oder zu durchblutungsfördernden Anwendungen nutzen. In der Küche lässt sich aus ihnen ein Likör herstellen oder aber auch ein Honig. Dazu verwendet man die im Mai noch jungen Triebspitzen zusammen mit Kandiszucker. Daraus wird ein guter Hustensaft, den auch Kinder nehmen dürfen.

Kirsche, Felsen-

Prunus mahaleb
auch Steinweichsel

Die Felsen-Kirsche, auch als Steinweichsel bekannt, wächst hauptsächlich in klimatisch begünstigten Gebieten. Dort findet man sie an felsigen Orten, in Hecken oder Gebüschen. Der sommergrüne Baum wird etwa zehn Meter hoch, der Stamm nicht dicker als etwa 30 Zentimeter. Die Laubblätter sind kurzgestielt, gezähnt und eiförmig oval. Die glänzenden Blätter werden etwa acht Zentimeter lang. Blüten erscheinen von April bis Mai. Sie werden etwa zehn Millimeter groß und stehen an doldenartigen Trauben zusammen. Die Frucht ist eine Steinfrucht, die etwa ebenso groß wird wie die Blüte. Sie färbt sich im Laufe der Fruchtreife von hellrot zu fast schwarz. Der Stein, der in der Frucht enthalten ist, ist weiß und glatt.

Die Früchte der Felsen-Kirsche haben nicht viel Fruchtfleisch. Der Stein nimmt drei Viertel der Fruchtgröße in Anspruch. Am besten verzehrt man sie direkt von der Hand in den Mund. Nur sehr reife Früchte schmecken süßlich. Oft sind sie eher bitter. Ansonsten sollte man sie am besten entsaften. Zusammen mit Aprikosen kann eine leckere Marmelade gekocht werden. Interessanterweise lässt sich aus dem im Kern enthaltenen winzigen Samen ein Gewürz namens „Mahaleb" herstellen. Dieses begegnet einem in arabischen Geschäften. Man würzt damit Gebäck. In der Heilkunde hat die Felsen-Kirsche keine Bedeutung.

Steckbrief

Familie:	Rosengewächse *(Rosaceae)*
Standort:	Weinbaugebiet, Hecken
Wuchshöhe:	3 bis 10 m
Lebensdauer:	bis 80 Jahre
Blütezeit:	April bis Mai
Blütenfarbe:	weiß
Blütenblätter:	fünf
Blütenstand:	Traube
Laubblätter:	oval, länglich, spitz, gezähnt, grün, gestielt, wechselständig
Rinde:	grün bis graubraun
Frucht:	Steinfrucht

Verwendbare Pflanzenteile

Früchte, Kerne

Erntezeit

Früchte, Kerne: Juli bis August

Klee, Rot-

Trifolium pratense
auch Wiesen-Klee

Steckbrief

Familie:	Schmetterlingsblütler *(Faboideae)*
Standort:	Wiesen, Wege
Wuchshöhe:	20 bis 40 cm
Lebensdauer:	mehrjährig
Blütezeit:	Mai bis September
Blütenfarbe:	rötlich violett
Blütenblätter:	fünf, verwachsen
Blütenstand:	Einzelblüte
Laubblätter:	gefiedert, oval, grün, glattrandig, wechselständig
Stängel:	aufrecht, kahl oder leicht behaart, grün bis rötlich
Frucht:	Hülse

Verwendbare Pflanzenteile
Blätter, Blüten

Erntezeit

Blätter:	April bis Juni
Blüten:	Juni bis September

Wandert man im Sommer durch nicht gemähte Wiesen, findet man überall den Rot-Klee. Mit seinen kugeligen, rötlich-violetten Blütenköpfchen ist er leicht zu erkennen. Er wird etwa 40 Zentimeter groß. Der Stängel ist mal kriechend, mal aufrecht, grün bis rötlich gefärbt. Die Laubblätter sind oval, meist zu dritt am Blattstiel verwachsen. Findet man mal ein vierblättriges Kleeblatt, gilt es als Glücksbringer. Die Einzelblätter des Rot-Klees werden etwa sechs Zentimeter lang. Oft haben die Blätter eine weißliche, halbrunde Zeichnung. Die runden Blütenköpfchen treiben aus den Blattachseln aus. Sie werden etwa 12 Millimeter groß und bestehen aus vielen kleinen Einzelblütchen. Als Samen bildet sich eine Hülsenfrucht.

Der Rot-Klee ist eine sehr nährstoffreiche Pflanze. Vor allem das sehkraftstärkende Vitamin A ist hochdosiert enthalten. Außerdem findet man noch Eiweiß, Phytoöstrogen, Isoflavone, Gerbstoffe und Cumarin.

Phytoöstrogene und Isoflavone haben in der Heilkunde eine positive Wirkung bei Wechseljahresbeschwerden, Frauenleiden und vermutlich auch bei der Krebsbehandlung. Außerdem kann man den Rot-Klee als Tee zur Anregung der Verdauung einsetzen. Der Geschmack der Blätter erinnert an Feldsalat, also herb-aromatisch. Die nektarreichen Blüten schmecken süß.

In der Küche kann man die jungen Blätter in Salate geben oder auch zu Gemüse verarbeiten. Zusammen mit Kartoffeln, Karotten und anderen Wildkräutern lässt sich eine leckere Suppe kochen. Die Blüten eignen sich als essbare Dekoration.

Klette, Große

Arctium lappa
auch Bollenkraut

Steckbrief

Familie:	Korbblütler *(Asteraceae)*
Standort:	Schuttplätze, Wege
Wuchshöhe:	80 bis 150 cm
Lebensdauer:	zweijährig
Blütezeit:	Juli bis September
Blütenfarbe:	rötlich bis violett
Blütenblätter:	mehr als zehn
Blütenstand:	Traube
Laubblätter:	herzförmig, rau, spitz, gezähnt, grün, gestielt, behaart, wechselständig
Stängel:	aufrecht, kantig, gefurcht, markig, behaart, grün bis rötlich, verzweigt
Frucht:	Nuss

Verwendbare Pflanzenteile

Blätter, Wurzel

Erntezeit

Blätter:	April bis Mai
Wurzel:	September bis Februar

Die Große Klette ist eine stattliche krautige Pflanze. Die bis zu einem halben Meter groß werdenden, grundständigen Laubblätter und die Wuchshöhe von bis zu 150 Zentimeter stechen einem am Wegrand durchaus ins Auge. An einem markigen, aufrechten, spinnenwebenartig behaarten Stängel sitzen die herzförmigen, rauen Laubblätter, die kleiner sind. Diese sind auf der Blattunterseite filzig weiß behaart. Die etwa 25 Millimeter großen Blüten wachsen in doldenartigen Trauben zusammen. Um den rötlichen Blütenkorb herum stehen grüne Hüllchen. Alle kleinen Blüten haben an der Spitze kleine gelbe Widerhaken. Sind die Früchte reif und kommt ein Wanderer vorbei – egal ob Tier oder Mensch –, haken sich die Blüten fest und die Samen werden ein Stück weiter verbreitet.

In der Heilkunde wird vor allem die spindelförmige Wurzel verwendet, aber auch die Blätter. Die Große Klette gilt als antiseptisch, blutreinigend und harntreibend. Aus der Wurzel wird das Klettenwurzelöl hergestellt. Dieses hilft bei spröden Haaren und schuppiger Haut. Als Inhaltsstoffe sind vor allem ätherisches Öl, Inulin, Schleim-, Gerb- und Bitterstoffe zu nennen.

In der Küche kommt vor allem die Wurzel zum Einsatz. Diese schmeckt schwarzwurzelartig. Bei uns ist die Große Klette als Wurzelgemüse wenig bekannt, in asiatischen Ländern wie Japan aber durchaus verbreitet. Dort nennt man es „gobō“ (牛蒡), ein Gericht aus geschälten, längshalbierten Karotten und Klettenwurzeln, das zusammen mit Sojasoße, Chili, Reiswein und Sesam zubereitet wird.

Knoblauchsrauke

Alliaria petiolata
auch Knoblauchhederich

Steckbrief

Familie:	Kreuzblütler *(Brassicaceae)*
Standort:	Wälder, Gebüsche
Wuchshöhe:	60 bis 120 cm
Lebensdauer:	zweijährig
Blütezeit:	April bis Juni
Blütenfarbe:	weiß
Blütenblätter:	vier
Blütenstand:	Traube
Laubblätter:	nieren- bis herzförmig, weich, spitz, gestielt, grün, gezähnt, wechselständig
Stängel:	aufrecht, steif, kantig, behaart
Frucht:	Schote

Verwendbare Pflanzenteile
Blätter, Blüten

Erntezeit

Blätter:	April bis Juni
Blüten:	Mai bis Juni

Die Knoblauchsrauke kommt häufig in Wäldern und Gebüschen vor. Die zweijährige Pflanze besitzt einen schmalen, aufrechten Stängel, der steif und kantig ist. An diesem wachsen im ersten Jahr die im unteren Pflanzenteil nierenförmigen, sonst eher herzförmigen, bis etwa acht Zentimeter großen Laubblätter. Zerreibt man diese zwischen den Fingern, strömt einem ein knoblauchartiger Geruch entgegen. Im oberen Teil der Pflanze verzweigt sie sich leicht. Dort erscheinen dann im zweiten Jahr die kleinen, etwa fünf Millimeter groß werdenden weißen Blüten, die in einer Traube stehen. Die Blütentraube wächst und blüht nach oben hin weiter, während am unteren Teil der Traube schon die Frucht heranreift. Als Früchte bilden sich etwa sechs Zentimeter lange, aufrecht stehende Schoten.

Die Knoblauchsrauke ist reich an Vitanmin A und C. Außerdem enthält sie Senföle, ätherisches Öl und Mineralstoffe. In der Heilkunde gilt sie als antibakteriell, harntreibend, verdauungsfördernd und entschlackend.

Geschmacklich ist die Knoblauchsrauke pfeffrig-scharf. Die Blätter und Blüten sollten am besten frisch verwendet werden, da sonst die Vitamine beim Erwärmen ihre Wirkung verlieren. Die Verwendung von Knoblauchsrauke geht von Salaten, Kräuterquark, Kräuterbutter, Suppen bis hin zu Pesto oder Gemüsefüllungen.

Rezeptvorschlag:

Gratiniertes Brot mit Knoblauchsrauke

1 Baguette | 30 g junge Knoblauchsraukeblätter | 100 g Brie | etwas gutes Öl | Salz, Pfeffer | einige Knoblauchsraukeblüten

Das Baguette längs aufschneiden und mit der Schnittfläche nach oben auf ein Backblech oder Rost legen. Die Blätter bis auf einen kleinen Teil fein hacken und mit Öl, Salz und Pfeffer verrühren. Auf die Baguettehälften verteilen. Den Brie in Scheiben schneiden und auf das Baguette legen. Den Backofen auf etwa 180 °C vorheizen. Das Baguette so lange im Herd gratinieren, bis der Käse leicht gebräunt ist. Herausnehmen und mit den restlichen Kräutern bestreuen. Mit den Blüten garnieren. Wer mag, serviert dazu Wild-Preiselbeeren und ein gutes Glas Weißwein.

Knöterich, Schlangen-

Bistorta officinalis
auch Wiesen-Knöterich

Steckbrief

Familie:	Knöterichgewächse *(Polygonaceae)*
Standort:	Wiesen, Auwälder
Wuchshöhe:	20 bis 80 cm
Lebensdauer:	mehrjährig
Blütezeit:	Juni bis Juli
Blütenfarbe:	rosa
Blütenblätter:	drei, verwachsen
Blütenstand:	Ähre
Laubblätter:	eiförmig, rund bis spitz, glatt, gebuchtet, stängelumfassend oder gestielt, grün, wechselständig
Stängel:	aufrecht, gerillt, kahl, unverzweigt
Frucht:	Nuss

Verwendbare Pflanzenteile
Blätter, Wurzel

Erntezeit

Blätter:	April bis August
Wurzel:	September bis Dezember

Der Schlangen-Knöterich wächst an feuchten Standorten, wie fetten Wiesen oder Auwäldern. Dort treibt aus einem gedrehten Rhizom der aufrechte, unverzweigte Stängel aus. Im unteren Teil des Stängels wachsen die eiförmigen Laubblätter, die etwa 20 Zentimeter lang werden, rosettenartig mit einer herzförmigen Basis. Weiter oben sind die Laubblätter nicht mehr so zahlreich. Sie sind dort eher spitz und eiförmig und stängelumfassend. Während der Blütezeit von Juni bis Juli treiben an einer dicken, walzenartigen Ähre die kleinen, etwa fünf Millimeter großen rosa Blütchen aus. Die einzelnen Blüten sind kleine Glöckchen, die aus fünf Blütenblättern verwachsen sind. Unter günstigen Bedingungen blüht der Schlangen-Knöterich auch noch ein zweites Mal im Jahr. Als Frucht bildet sich eine kleine Nuss.

In der Heilkunde gilt der Schlangen-Knöterich als verdauungsfördernd, wundheilend und hilfreich bei Durchfall. Hier kommt nur die Wurzel zum Einsatz. In der Küche verwendet man sowohl die Wurzel als auch die Blätter. Die Wurzel lässt sich gut als Gemüsebratling zubereiten. Blätter eignen sich als Spinatersatz, und so schmecken sie auch. Der Schlangen-Knöterich enthält Gerbstoffe, Vitamin C und Kohlenhydrate. Außerdem auch noch Oxalsäure. Deshalb sollte man, wie auch beim Spinat, keine allzu große Mengen von den Blättern verzehren.

Rezeptvorschlag:

Spinat aus dreierlei Wildpflanzen

jeweils 500 g junge Blätter von Schlangen-Knöterich, Guter Heinrich, Brennnessel | 1 große Zwiebel | 2 Knoblauchzehen | 150 g süße Sahne | 250 ml Gemüsebrühe | etwas Butter | Salz, Pfeffer, Muskatnuss

Die Kräuter waschen, mit Küchenpapier trocken tupfen und in feine Streifen schneiden. Zwiebel schälen, hacken und in Butter andünsten. Mit Gemüsebrühe ablöschen. Die geschnittenen Blätter hinzugeben und etwa vier Minuten bei geringer Hitze köcheln lassen. Knoblauch pressen, dazugeben und noch etwa eine Minute weiter köcheln. Immer wieder durchrühren, damit nichts anbrennt. Sahne unterrühren und mit Salz, frisch gemahlenem Pfeffer und Muskatnuss abschmecken. Wer mag, serviert hart gekochte Eier und Kartoffeln dazu. Ein vollwertiges Hauptgericht.

Königskerze, Großblütige

Verbascum densiflorum
auch Himmelskerze

Steckbrief

Familie:	Braunwurzgewächse *(Scrophulariaceae)*
Standort:	Schuttplätze, Wege
Wuchshöhe:	50 bis 200 cm
Lebensdauer:	zweijährig
Blütezeit:	Juni bis August
Blütenfarbe:	gelb
Blütenblätter:	fünf
Blütenstand:	Traube
Laubblätter:	eiförmig, rund bis spitz, gezähnt, ungestielt, grün-bläulich, behaart, wechselständig
Stängel:	aufrecht, rund, behaart, im oberen Teil verzweigt
Frucht:	Kapsel

Verwendbare Pflanzenteile

Blätter, Blüten

Erntezeit

Blätter:	April bis Juni
Blüten:	Juni bis August

Die Großblütige Königskerze wächst vor allem an eher trockenen Standorten. Sie ist eine zweijährige Pflanze, die im ersten Jahr lediglich eine nur etwa zwei Zentimeter hohe Laubblattrosette ausbildet. Erst im zweiten Jahr schießt sie in die Höhe und erreicht oft zwei Meter. Die Laubblätter wachsen am Stängel in die Höhe. Dabei werden sie etwa 50 Zentimeter lang. Die weiter oben sitzenden Laublätter sind kleiner. Die gelben, etwa drei Zentimeter großen, rosenartig duftenden Blüten wachsen kerzenförmig am Ende des Stängels, wobei sie sich nicht alle gleichzeitig öffnen. Sie blühen von unten nach oben. Somit sind bereits die ersten Blüten verwelkt, wenn die letzten noch ihre Blüten geöffnet haben.

Die Pflanze enthält vor allem ätherische Öle, Schleimstoffe, Flavonoide, Gerbstoffe und Karotin sowie Vitamin B und D. In der Heilkunde wird die Großblütige Königskerze aufgrund ihrer Schleimstoffe bei Husten als Schleimlöser eingesetzt. Außerdem gilt sie als blutreinigend und wundheilend.

Die Blätter und Blüten haben einen fruchtig-herben Geschmack. Man verwendet die Blüten zum Aromatisieren und Färben von Getränken, als Einlage in Suppe oder zur Herstellung von Königskerzenöl. Die Blätter und Blüten sind Bestandteil von Hustentee.

Rezeptvorschlag:

Königliche Suppe

1 Suppenhuhn | 1 Bund Suppengemüse | 2 gute Handvoll Königskerzenblüten | 1 l Wasser | Salz, Pfeffer

Das gesäuberte Suppenhuhn zusammen mit dem Gemüse und Wasser ansetzen. Das Ganze etwa 1,5 Stunden bei mittlerer Hitze kochen. Das weichgekochte Huhn aus der Brühe nehmen, das Fleisch von den Knochen trennen und klein schneiden. Das Suppengemüse ebenfalls entfernen und beiseitestellen. Die Königskerzenblüten in die Brühe geben und das Ganze für weitere 40 Minuten bei geringer Hitze köcheln. Die Suppe durch ein Sieb abschütten. Dann etwas Hühnerfleisch und das Gemüse wieder zur Suppe geben, kurz aufkochen lassen und mit Gewürzen abschmecken. Eine stärkende Suppe, die bei Erkältungen hilft.

Kornblume

Centaurea cyanus
auch Zachariasblume

Steckbrief

Familie: Korbblütler *(Asteraceae)*
Standort: Schuttplätze, Felder
Wuchshöhe: 30 bis 80 cm
Lebensdauer: einjährig
Blütezeit: Juni bis August
Blütenfarbe: blauviolett
Blütenblätter: mehr als zehn
Blütenstand: Einzelblüte
Laubblätter: schmal, lang, spitz, leicht gezähnt, gestielt, behaart, wechselständig
Stängel: aufrecht, gerillt, behaart, verzweigt
Frucht: Nuss

Verwendbare Pflanzenteile
Blüten

Erntezeit
Blüten: Juni bis August

Geht man im Sommer an Getreidefeldern vorbei, leuchten dem Spaziergänger häufig die blauen Blüten der Kornblume entgegen. Sie wird etwa 80 Zentimeter groß und ist einjährig. Der behaarte Stängel wächst aufrecht in die Höhe. Oft verzweigt er sich. Die Laubblätter sind sehr schmal, manchmal auch gelappt und werden etwa zehn Zentimeter lang. Ab etwa Juni erscheinen die wunderschönen blauen, etwa vier Zentimeter großen Blüten. Die äußeren Blütenblätter sind gefranst und stehen weit nach außen ab. Diese herrliche Pflanze wird in der Natur leider immer mehr durch die Ausbringung von Spritzmitteln verdrängt.

Die Pflanze enthält in den Blüten Bitter-, Schleim- und Gerbstoffe sowie Anthocyane und Salze. Der Geschmack der Blüten ist eher neutral. Verzehrt man sie in großer Menge, schmecken sie herb-salzig.

In der Heilkunde verwendet man die Blüten zur Zubereitung von Teemischungen oder in Kosmetika. Sie gelten als schleimlösend, entzündungshemmend, antirheumatisch und blutreinigend. In der Küche kommen die Blüten als Dekoration in Salat, über Fisch oder in Kräutersalz zum Einsatz. Es lässt sich auch ein Dekorzucker von unbeschreiblich blauer Farbe herstellen. Hierzu werden die äußeren Blütenblätter mit Zucker im Multihacker zerkleinert und gemischt, auf ein mit Backpapier ausgelegtes Blech gestrichen und bei circa 50 °C Umluft etwa zwei Stunden bei geöffneter Ofentür getrocknet. Immer mal wieder durchrühren. Ein idealer Dekorzucker für Desserts.

Rezeptvorschlag:

Blaue Frischkäsepralinen

250 g Frischkäse natur | 2 Handvoll getrocknete Kornblumenblütenblätter | einige sehr fein gehackte Walnüsse | Salz, Pfeffer | Papiermanschetten für Pralinen

Den Frischkäse in eine Schüssel geben, gehackte Walnüsse zugeben, mit Salz und Pfeffer pikant abschmecken. Die Blütenblätter auf einen flachen Teller geben und etwa zerkleinern. Aus dem Frischkäse zwischen den Handflächen kleine, etwa drei Zentimeter große Kugeln formen. Die Kugeln in den Blütenblättern wälzen. Dann in die Papiermanschette geben. Sieht schön aus und schmeckt lecker.

Kornelkirsche

Cornus mas
auch Herlitze

Steckbrief

Familie:	Hartriegelgewächse *(Cornaceae)*
Standort:	Waldrand, Gebüsch
Wuchshöhe:	4 bis 8 m
Lebensdauer:	100 Jahre
Blütezeit:	Februar bis März
Blütenfarbe:	gelb
Blütenblätter:	vier
Blütenstand:	Dolde
Laubblätter:	eiförmig, spitz, ganzrandig, gestielt, glänzend, gegenständig
Rinde:	gelbbraun, schuppig
Frucht:	Steinfrucht

Verwendbare Pflanzenteile
Blätter, Früchte

Erntezeit

Blätter:	März bis April
Früchte:	Juli bis Oktober

Die Kornelkirsche ist ein widerstandsfähiger Strauch, der etwa ab dem zweiten Jahr schon im Februar zu blühen beginnt. Er kann bis zu acht Meter groß werden. Oft ist er dann ein kleiner Baum. Auch wenn der Strauch „Kornelkirsche" genannt wird, ist er kein Verwandter der Kirsche (*Prunus*). Seine Wuchsform ist kugelig mit herunterhängenden Zweigen. Die Blüten erscheinen vor dem Blattaustrieb aus bereits im Herbst angelegten kugeligen Knospen. Sie werden etwa vier Millimeter groß und stehen in kleinen Dolden zusammen. Die frühe Blüte macht die Kornelkirsche zu einer wertvollen Bienenweide. Die Laubblätter sind gegenständig angeordnet. Sie sind glänzend, eiförmig, spitz und kurzgestielt. Ihre Größe variiert zwischen vier und zehn Zentimeter. Nach der Blüte wachsen die kleinen, etwa drei Zentimeter großen, birnenförmigen Früchte heran, die sogenannten „Kornellen". Die Früchte reifen zwischen Juli und Oktober heran und werden dunkelrot. Es sind Steinfrüchte. Das Holz der Kornelkirsche zählt zu den härtesten Sorten, die in Europa vorkommen.

Die Früchte der Kornelkirsche enthalten viel Vitamin B und C, Gerbstoffe, Anthocyane. Ihr Geschmack ist säuerlich. Ihre Blätter eignen sich zur Teeherstellung. Die Früchte verzehrt man direkt vom Strauch in den Mund oder stellt daraus leckere Marmelade her. Sie lassen sich auch als Chutney zu Fleisch- und Wildgerichten reichen.

In der Heilkunde verwendet man die Kornelkirsche bei Durchfallerkrankungen, Entzündungen und Krampfadern. Außerdem soll sie bei Glutenunverträglichkeit helfen.

Kratzdistel, Kohl-

Cirsium oleraceum
auch Federdistel

Wenn man den Namen „Distel" hört, denkt man sofort an sehr stachelige Pflanzen, denen man in der Natur besser aus dem Weg geht, wenn man unterwegs ist. Diese Aussage trifft bei der Kohl-Kratzdistel nicht zu. Sie ist nicht stechend, sondern weich gedornt. Aus einer Blattrosette treibt der aufrechte, hohle Stängel aus. An diesem stehen die großen Laubblätter. Im Bereich der Blattrosette sind sie fiederspaltig tief eingeschnitten. Weiter oben handelt es sich um große, eiförmige Hochblätter, die die Blütenköpfe umgeben. Die Laubblätter sind weichdornig und stechen nicht. Während der Blütezeit erscheinen die etwa vier Zentimeter großen, gelblich weißen Korbblüten, die endständig in Büscheln stehen.

In der Heilkunde findet die Kohl-Kratzdistel keine große Bedeutung. Dagegen ist sie in der Küche durchaus gut verwendbar. Die jungen Blätter schmecken salatähnlich, der Blütenboden nach Artischocke. Man kann die Blätter als Salat oder Gemüse zubereiten. So entsteht in Kombination mit Zwiebeln, Zucchini und Knoblauch ein leckeres Gemüse, das man auch zu Pasta reichen kann. Will man den Blütenboden als Artischockenersatz zubereiten, bedeutet das jede Menge Zeitaufwand, bis man genügend Kohl-Kratzdistelblüten vorbereitet hat.

Die Kohlkratzdistel enthält Gerbstoffe, ätherisches Öl und Flavonoide.

Steckbrief

Familie:	Korbblütler *(Asteraceae)*
Standort:	Bachläufe, Gräben
Wuchshöhe:	50 bis 70 cm
Lebensdauer:	mehrjährig
Blütezeit:	Juni bis September
Blütenfarbe:	gelblich weiß
Blütenblätter:	mehr als zehn
Blütenstand:	Traube
Laubblätter:	breit, länglich, eiförmig, spitz gezähnt oder fiederspaltig, nicht stechend, hellgrün, wechselständig
Stängel:	aufrecht, hohl, grün, nicht dornig, wenig verzweigt
Frucht:	Nuss

Verwendbare Pflanzenteile

Blätter, Blüten

Erntezeit

Blätter:	April bis Juni
Blüten:	Juni bis September

Kresse, Feld-

Lepidium campestre
auch Pfefferkraut

Steckbrief

Familie:	Kreuzblütler *(Brassicaceae)*
Standort:	Acker, Wegrand
Wuchshöhe:	20 bis 40 cm
Lebensdauer:	zweijährig
Blütezeit:	Mai bis August
Blütenfarbe:	weiß
Blütenblätter:	vier
Blütenstand:	Traube
Laubblätter:	wechselständig, oben: lang, schmal, ungestielt, leicht gezähnt; unten: eiförmig, glattrandig, gestielt
Stängel:	aufrecht, oben verzweigt, behaart, graugrün
Frucht:	Schote

Verwendbare Pflanzenteile
Blätter, Blüten

Erntezeit

Blätter:	März bis Mai
Blüten:	April bis Mai

Die Feld-Kresse kann man am ehesten auf Äckern oder am Wegrand antreffen. Ihr Wuchs ist aufrecht. Im oberen Pflanzenabschnitt verzweigt sich die Pflanze. Der Stängel ist filzig behaart und von graugrüner Farbe. Die Laubblätter sind im unteren Pflanzenabschnitt oval, gestielt und ungezähnt. Weiter oben wachsen sie schmal, länglich, haben einen leicht gezähnten Blattrand und sind stängelumfassend. Die kleinen weißen Blütchen werden nur etwa zwei Millimeter groß. Sie stehen an den Zweigenden in Trauben zusammen. Die Blütentraube wächst im Laufe der Blütezeit durch neue Blüten immer weiter nach oben. Nach der Blütezeit bilden sich etwa fünf Millimeter große flache Schotenfrüchte, die waagrecht von der Blütentraube abstehen. Es stehen oft Blüten und Früchte gleichzeitig an der Pflanze.

Die Feld-Kresse enthält Senföl, ätherisches Öl sowie viel Vitamin C. Außerdem Folsäure und B-Vitamine. In der Heilkunde gilt sie als antibiotisch, blutreinigend und harntreibend.

Durch ihren Gehalt an Senföl schmeckt die Feld-Kresse scharf würzig, ähnlich der Gartenkresse (*Lepidum sativum*). Sie eignet sich für Salate, in Suppe, Kräuterbutter oder Kräuterquark. Man kann sie auch gut in einer Senfsoße verwenden. Dazu Zwiebeln andünsten und eine helle Mehlschwitze herstellen, indem man mit Brühe und etwas Milch ablöscht. Mit reichlich Senf, Salz, Pfeffer und etwas Zucker abschmecken. Die klein geschnittene Feld-Kresse zugeben. Eine leckere Soße zu noch warmen, nicht zu hart gekochten Eiern.

Kümmel, Echter

Carum carvi
auch Wiesenkümmel

Der Echte Kümmel gedeiht auf Wiesen, Äckern und an Wegen. Er gehört zu den Doldenblütlern, was das Sammeln nicht so einfach macht, da er leicht mit giftigen Doppelgängern verwechselt werden kann. Also bitte nur ernten, wer sich ganz sicher ist. Die Pflanze ist zweijährig. Aus einer Pfahlwurzel wächst im ersten Jahr eine Blattrosette. Der aufrechte, hohle Stängel erscheint im zweiten Jahr. Dieser ist leicht verzweigt. Am Ende der Triebe stehen in einer bis zu 16-strahligen Dolde die kleinen, weißen, manchmal auch rötlichen Blüten. Diese besitzen keine Hüllblätter. Die Laubblätter sind sehr schmal und bilden zusammen ein großes fiederspaltiges Blatt, das in seiner Gesamtform dreieckig ist. Es sieht dem der Möhre (*Daucus carota)* ähnlich. Die Samen sind kleine, längliche Spaltfrüchte. Die ganze Pflanze verströmt einen kümmelartigen Geruch.

In der Heilkunde werden vor allem die Samen verwendet. Diese helfen bei Magen-Darm-Problemen wie Blähungen oder Völlegefühl. Außerdem soll der Echte Kümmel die Milchbildung während der Stillzeit anregen. Er enthält vor allem ätherisches Öl und Flavonoide.

Die Blätter schmecken nicht so stark nach Kümmel wie die Samen. Man kann sie zusammen mit Kohlsorten zubereiten, was die Gerichte dann bekömmlicher für den Magen macht. Die Samen werden als Gewürz zu Brotteig, Kuchen oder Käse genutzt. Ebenso eignen sie sich als Gewürzzugabe in einer Kartoffelsuppe mit Schinken oder in Curry-Gerichten.

Steckbrief

Familie:	Doldenblütler *(Apiaceae)*
Standort:	Acker, Weide, Wege
Wuchshöhe:	30 bis 60 cm
Lebensdauer:	zweijährig
Blütezeit:	Mai bis Juli
Blütenfarbe:	weiß
Blütenblätter:	fünf
Blütenstand:	Dolde
Laubblätter:	länglich, schmal, spitz, gefiedert, grün, wechselständig
Stängel:	aufrecht, hohl, grün, verzweigt
Frucht:	Spaltfrucht

Verwendbare Pflanzenteile
Blätter, Blüten, Samen

Erntezeit

Blätter:	April bis Mai
Samen:	August bis September

Labkraut, Wiesen-

Galium mollugo
auch Weißes Waldstroh

Steckbrief

Familie: Rötegewächse (*Rubiaceae*)
Standort: Wiesen, Wege, Gebüsch
Wuchshöhe: 30 bis 90 cm
Lebensdauer: mehrjährig
Blütezeit: Mai bis September
Blütenfarbe: weiß
Blütenblätter: vier
Blütenstand: Traube
Laubblätter: schmal,lang, spitz, grün, ledrig, quirlständig
Stängel: aufrecht, kantig, kahl verzweigt, grün bis rötlich
Frucht: Spaltfrucht

Verwendbare Pflanzenteile
Blätter, Blüten

Erntezeit
Blätter: März bis November
Blüten: Mai bis September

Das Wiesen-Labkraut ist eine mehrjährige Pflanze, die etwa 90 Zentimeter hoch wird. Sie ähnelt vom Aussehen her dem Waldmeister (*Galium odoratum*), der ebenso zu der Familie der Rötegewächse zählt. Das Wiesen-Labkraut besitzt einen aufrecht wachsenden, vierkantigen, kahlen Stängel, der sich verzweigt. Sechs bis acht Laubblätter bilden einen Quirl, der um den Stängel herum wächst. Das einzelne Blatt ist ledrig, schmal und verjüngt sich in der Spitze. Die kleinen, nur etwa zwei Millimeter großen, weißen Blüten stehen endständig in lockeren Blütentrauben zusammen. Sie verströmen einen honigartigen Geruch. Als Samen bildet sich eine kleine Spaltfrucht.

Das Wiesen-Labkraut enthält ätherisches Öl, Glykoside und Gerbstoffe. In der Heilkunde findet es kaum eine Anwendung. Allerdings soll die Pflanze harntreibend und entschlackend wirken.

Der Geschmack der Blätter ist herb, ähnlich dem Rucola. Sie eignen sich als Salatbeigabe oder Gemüse. Die Blüten kann man als essbare Dekoration verwenden. Aber auch zum Aromatisieren von Getränken eignen sie sich gut.

Rezeptvorschlag:

Kartoffelgratin mit Wiesen-Labkraut

1 kg Kartoffeln | 250 g Wiesen-Labkrautblätter | 250 g Milch | 250 g süße Sahne | 1 Knoblauchzehe | Thymian, Salz, Pfeffer, Muskatnuss | 250 g geriebenen Bergkäse

Kartoffeln schälen und in sehr feine Scheiben schneiden. Am besten mit dem Hobelaufsatz der Küchenmaschine. Sahne, Milch, gepresste Knpoblauchzehe und Thymian verrühren und kurz aufkochen lassen und mit Salz, Pfeffer und Muskatnuss pikant abschmecken. Die gehobelten Kartoffelscheiben dazugeben und etwa zehn Minuten bei wenig Hitze köcheln. Die Wiesen-Labkrautblätter waschen, abtropfen lassen, klein schneiden und zu den Kartoffeln geben. Vom Herd nehmen und in eine gefettete Auflaufform füllen. Mit dem Bergkäse bestreuen. Bei etwa 220 °C für 20 Minuten überbacken.

Lärche, Europäische

Larix decidua
auch Schönholz

Steckbrief

Familie:	Kieferngewächse *(Pinaceae)*
Standort:	Waldrand, Nadelwald
Wuchshöhe:	45 m
Lebensdauer:	600 Jahre
Blütezeit:	März bis Mai
Blütenfarbe:	gelb bis rötlich
Blütenblätter:	zapfenartig
Blütenstand:	Zapfenblüte
Laubblätter:	Nadeln, stumpf oder spitz, länglich glänzend, rosettig
Rinde:	graubraun, glatt; später rotbraun, gefurcht
Frucht:	Nuss

Verwendbare Pflanzenteile
Blätter, Blüten

Erntezeit

Blätter:	März bis April
Blüten:	März bis April

Die Europäische Lärche ist ein aufrecht wachsender Nadelbaum mit luftig wachsenden Ästen, die an der Spitze etwas nach oben stehen. Sie kann bis zu 45 Meter hoch und durchaus 600 Jahre alt werden. Da sie viel Licht zum Wachsen benötigt, findet man sie nicht in dichtem Waldgebiet, sondern eher auf alten Waldflächen. Ihre Nadeln sind weich, flach und stumpf und werden etwa drei Zentimeter lang. Sie stehen in Büscheln aus vielen Nadeln zusammen. Die Blütezeit beginnt im März und geht meist bis in den Mai hinein. Dann stehen männliche und weibliche Blüten gleichzeitig am Baum. Die männlichen Blüten sind eiförmig und gelb mit einer Größe von etwa einem Zentimeter. Sie stehen an unbenadelten Trieben. Die weiblichen Blüten sind ebenfalls eiförmig. Allerdings von rosarotem Aussehen. Sie werden etwa zwei Zentimeter groß und wachsen an benadelten Trieben. Als Frucht werden Zapfen gebildet, die die Samenschuppen enthalten. Diese werden im nächsten Jahr reif. Das Besondere an der Europäischen Lärche ist, dass sie als einziger Nadelbaum im Winter ihre Nadeln abwirft. So treiben jedes Jahr im Frühjahr – meist erst nach der Blüte – neue frische Triebe aus. Die Europäische Lärche ist Baum des Jahres 2012.

Der Baum enthält ätherisches Öl, Harze und Bitterstoffe. In der Heilkunde werden sie bei Hautleiden und Darmproblemen angewendet.

Die Nadeln der Europäischen Lärche schmecken harzig. Da sie jedes Jahr neu austreiben, kann man immer frische Triebe ernten. Jedoch bitte immer mit dem Förster absprechen, ob man ernten darf. Die Triebe lassen sich roh verzehren, die Blüten zu Sirup oder, angesetzt mit Korn, zu Lärchenschnaps verarbeiten.

Lauch, Wilder

Allium oleraceum
auch Acker-Lauch

Der Wilde Lauch ist eine krautige Pflanze, die bis zu 70 Zentimeter hoch werden kann. Zu finden ist die wärmeliebende Pflanze vor allem auf Wiesen oder in Weinanbaugebieten. Aus einer Zwiebel treiben die länglichen, schmalen und flachen Laubblätter aus, die stängelumfassend grundständig angeordnet sind. Sie werden nur etwa fünf Millimeter breit und verwelken sehr schnell. In der Blütezeit von Juni bis Juli bildet sich ein lockerer, doldenartiger Blütenstand am Stängelende aus. Hier hängen an langen Stielen die kleinen, glockenförmigen Blütchen herab. Sie werden etwa acht Millimter groß. Unter diesen bilden sich oft kleine Brutzwiebelchen aus. Die Blütendolde wird meist von zwei langen Hüllblättern umgeben. Die Pflanze verströmt einen typischen Lauchgeruch.

Der Wilde Lauch enthält vor allem ätherisches Öl. In der Heilkunde gilt die Pflanze als antibakteriell und blutdrucksenkend.

Der Wilde Lauch schmeckt lauchartig scharf. In der Küche verwendet man die Zwiebeln. Diese haben eine graue Haut und werden etwa zwei Zentimeter groß. Man schneidet sie als Lauchzwiebelersatz (*Allium fistulosum*) in Suppen oder Gemüse. Die Blätter und Stängel des Wilden Lauchs lassen sich eigentlich zwar auch verwenden, doch ist der Stängel sehr hart und die Blätter schnell verwelkt, sodass sich die Ernte nicht wirklich lohnt.

Steckbrief

Familie:	Amaryllisgewächse *(Amaryllidaceae)*
Standort:	Weinberge, Wiesen
Wuchshöhe:	20 bis 70 cm
Lebensdauer:	mehrjährig
Blütezeit:	Juni bis Juli
Blütenfarbe:	weißlich, rotbraun
Blütenblätter:	sechs
Blütenstand:	Dolde
Laubblätter:	lang, schmal, spitz, gerillt, ganzrandig, grundständig
Stängel:	aufrecht, hohl, grün, hart
Frucht:	Kapsel

Verwendbare Pflanzenteile

Zwiebel

Erntezeit

Zwiebel:	März bis April oder Oktober bis November

Lavendel, Echter

Lavandula angustifolia oder *Lavandula officinalis*
auch Schwindelkraut

Steckbrief

Familie:	Lippenblütler *(Lamiaceae)*
Standort:	Weinbaugebiet, Hänge
Wuchshöhe:	30 bis 50 cm
Lebensdauer:	mehrjährig
Blütezeit:	Mai bis September
Blütenfarbe:	blauviolett
Blütenblätter:	symmetrisch verwachsen
Blütenstand:	Ähre
Laubblätter:	schmal, lang, stumpf, graugrün, behaart, ganzrandig
Stängel:	aufrecht, filzig behaart, verzweigt, graugrün
Frucht:	Nuss

Verwendbare Pflanzenteile
Blätter, Blüten

Erntezeit

Blätter:	August bis September
Blüten:	Mai bis September

Der Echte Lavendel ist ein Halbstrauch, der vor allem in warmen Regionen vorkommt. In Frankreich und Italien findet er ideale Wachstumsbedingungen. Vor allem in der Provence ist er zu finden. An den Zweigen wachsen die Laubblätter, die länglich-stumpf sind und sich zur Spitze hin verjüngen. Sie werden etwa fünf Zentimeter lang. Während der Blütezeit wächst am Ende der Zweige ein ähriger Blütenstand, der bis zu acht Zentimeter lang werden kann. Er besteht aus lauter kleinen, etwa fünf Millimeter großen blauen bis violetten Lippenblüten, die quirlartig angeordnet sind. Die Oberlippe bilden zwei, die Unterlippe drei zusammengewachsene Kronblätter. Die Blüten öffnen sich nicht alle gleichzeitig. Somit stehen oft blühende und verwelkte Blüten an der Ähre. Die Pflanze verströmt den typisch herben Lavendelduft. Als Frucht wird eine kleine Nuss gebildet.

Der Echte Lavendel ist reich an ätherischen Ölen. In der Heilkunde gilt er als entspannend, schlaffördernd, antiseptisch und wird auch als Antidepressiva eingesetzt. Hierzu wird aus den Blüten ein hochwirksames Lavendelöl gewonnen.

In der Küche verwendet man den Echten Lavendel als Gewürz. So ist er zum Beispiel ein Bestandteil der Gewürzmischung „Kräuter der Provence". Man sollte ihn allerdings vorsichtig einsetzen, da er sehr stark würzt. Die Blätter geben Kräuterbutter oder auch Grillmarinade einen besonderen Geschmack. Blüten verzaubern Dekorzucker, Kuchen und Desserts.

Rezeptvorschlag:

Dekorzucker mit Lavendelblüten

250 g Zucker | etwa 10 g Blüten vom Echten Lavendel

Man zupft die Lavendelblüten von der Ähre und mischt sie gut mit dem Zucker durch. Am besten gibt man beides in einen Mixer und wartet, bis alles gut zerkleinert ist. Dann in ein Glas mit Schraubdeckel füllen und mehrere Tage ruhen lassen, bis der Zucker den Lavendelgeruch angenommen hat. Der Lavendelzucker eignet sich hervorragend zum Dekorieren von Desserts und Torten.

Leimkraut, Gewöhnliches

Silene vulgaris
auch Taubenkropf-Leimkraut

Steckbrief

Familie: Nelkengewächse *(Caryophyllaceae)*
Standort: Wegränder, Gräben, Schuttplätze
Wuchshöhe: 20 bis 50 cm
Lebensdauer: mehrjährig
Blütezeit: Mai bis September
Blütenfarbe: weiß-rosa
Blütenblätter: fünf
Blütenstand: Dolde
Laubblätter: eiförmig, länglich, spitz, kahl, ungestielt oder länglich gestielt, blaugrün, gegenständig
Stängel: aufrecht, glatt, dünn, unbehaart
Frucht: Kapsel

Verwendbare Pflanzenteile
Blätter

Erntezeit
Blätter: April bis Mai

Das Gewöhnliche Leimkraut wächst an trockenen und sonnigen Standorten. Oftmals auf Steinböden oder auch an Wegrändern und Böschungen ist die mehrjährige Pflanze zu finden. Aus einer langen Wurzel treibt der lange, sehr dünne und aufrecht wachsende Stängel aus. Am Ende verzweigt er sich gabelig. Dort bilden sich von Mai bis September die kugelig aufgeblasenen, weiß bis hellrosafarbenen Blüten, die etwa zwei Zentimeter lang werden. Die fünf Kronblätter sind tief eingekerbt. Die Blüten des Gewöhnlichen Leimkrauts hängen an Stielen nach unten und bilden eine lockere Dolde. Das kropfartige Aussehen der Blüte gab der Pflanze auch ihren Zweitnamen „Taubenkropf-Leimkraut". Wenn es warm ist, kann es vorkommen, dass der aufgeblasene Teil erschlafft. Wird es gegen Abend wieder kühler, bläst er sich erneut auf. Die Laubblätter sitzen ungestielt, locker angeordnet gegenständig am Stängel. Sie werden etwa vier bis sieben Zentimeter lang. Manchmal sind sie sogar stängelumfassend. Die grundständigen Blätter dagegen sind gestielt. Als Frucht bildet sich eine Kapsel.

Die Pflanze enthält vor allem Saponine, Bitterstoffe und Vitamine. In der Heilkunde ist sie nicht von besonderer Bedeutung. Sie gilt als stoffwechselanregend.

In der Küche finden nur die jungen Triebe Verwendung, da die Pflanze im fortschreitenden Jahr immer bitterer wird. Die Triebe lassen sich als Salatbeigabe, in Rührei oder gedünstetem Gemüse verwenden. Aber auch zusammen mit anderen Wildkräutern, wie etwa Giersch, Wiesen-Labkraut oder Wildem Dost, lässt sich daraus gemischt mit Quark oder Naturjoghurt ein Kräuter-Dip anrühren, den man zu Pellkartoffeln oder zu Gemüsesticks serviert. In Spanien (Region La Mancha) bereitet man aus den Trieben zusammen mit Kabeljau und Kichererbsen eine Suppe zu, die als „Potaje de garbanzos, abadejo y collejas" bekannt ist. Die Triebe haben ein erbsenartiges, leicht bitteres Aroma.

Liebstöckel

Levisticum officinale
auch Sellerie-Kraut

Liebstöckel oder wegen seines Geruchs auch bekannt als „Sellerie-Kraut" kommt hauptsächlich auf brachliegenden Flächen in südlichen Gebieten vor. Bei uns verwildert es manchmal aus Kräutergärten, in denen es kulturmäßig angebaut wird. Die Pflanze wird bis zu 150 Zentimeter groß und vereinnahmt viel Platz. An einem hohlen, aufrechten, harten Stängel wachsen die etwa elf Zentimeter langen Laubblätter. Sie sind gefiedert und von dreieckiger Gesamtform. Während der Blütezeit von meistens Juni bis August bilden sich strahlige Blütendolden aus, die bis zu zwölf Zentimeter groß werden können. Die Einzelblüte ist gelb und eher unscheinbar. Von der gesamten Pflanze wird ein sellerieartiger Geruch verströmt. Als Frucht bildet sich eine längliche Kapselfrucht.

Liebstöckel ist ein bekanntes Küchenkraut. Es wird bevorzugt in Suppen als Würze verwendet. Es kann aber auch in Eierspeisen oder Gemüse mitgekocht werden. Ebenso eignet es sich als Zugabe zur Herstellung von Fleischfond. Da die Pflanze eine starke Würzkraft hat, sollte man sie vorsichtig dosieren. Der Geschmack ist scharf sellerieartig.

Die Pflanze enthält vor allem ätherisches Öl. In der Heilkunde gilt sie als antibakteriell, harntreibend und verdauungsfördernd.

Steckbrief

Familie:	Doldenblütler *(Apiaceae)*
Standort:	Brachland
Wuchshöhe:	100 bis 150 cm
Lebensdauer:	mehrjährig
Blütezeit:	Juni bis August
Blütenfarbe:	gelb
Blütenblätter:	fünf
Blütenstand:	Dolde
Laubblätter:	gefiedert, länglich, dreieckig, gezähnt, grün, wechselständig
Stängel:	aufrecht, hohl, grün, hart, gerillt, unbehaart
Frucht:	Spaltfrucht

Verwendbare Pflanzenteile

Blätter

Erntezeit

Blätter:	Mai bis Juni

Linde, Sommer-

Tilia platyphyllos
auch Großblättrige Linde

Steckbrief

Familie:	Malvengewächse *(Malvaceae)*
Standort:	Weinbaugebiet, Hänge
Wuchshöhe:	bis 40 m
Lebensdauer:	bis 1000 Jahre
Blütezeit:	Juni
Blütenfarbe:	gelb
Blütenblätter:	fünf
Blütenstand:	Dolde
Laubblätter:	herzförmig, spitz, groß, grün, behaart, gezähnt, gestielt, wechselständig
Rinde:	grau, gefurcht
Frucht:	Nuss

Verwendbare Pflanzenteile
Blätter, Blüten

Erntezeit

Blätter:	April bis Mai
Blüten:	Juni

Die Sommer-Linde ist ein bis zu 40 Meter hoch werdender sommergrüner Laubbaum mit einem Stammdurchmesser von bis zu zwei Metern. Der Baum kann durchaus bis zu 1000 Jahre alt werden. Seine Rinde ist grau. In jungen Jahren noch glatt, später reißt sie dann auf und bildet tiefe Furchen. Der Wuchs der Sommer-Linde ist kegelförmig. Im Frühjahr treiben aus den Ästen die herzförmigen, etwa zwölf Zentimeter langen Laubblätter aus. Sie sind weich behaart. In den Blattachseln stehen im Frühjahr kleine weiße Haarbüschel. Dies ist ein Unterscheidungsmerkmal zur Winter-Linde (*Tilia cordata*), die gelb-rote Haarbüschel aufweist. Im Juni beginnt die Lindenblüte. Die Blüten hängen in lockeren Dolden nach unten. Die einzelne Blüte wird etwa acht Millimeter groß. Die Blütezeit der Sommer-Linde liegt etwa zwei Wochen vor der der Winter-Linde. Als Früchte werden etwa acht Millimeter große Nussfrüchte gebildet, die mit einem Flügelblatt ausgestattet sind. Die Frucht der Sommer-Linde lässt sich, im Gegensatz zur Winter-Linde, nicht zwischen den Fingern zerdrücken.

Die Sommer-Linde enthält Flavonoide, Gerbstoffe, ätherisches Öl und Schleimstoffe. In der Heilkunde werden hauptsächlich die Lindenblüten verwendet. Sie gelten als schweißtreibend und fiebersenkend.

In der Küche verwendet man die im Geschmack sehr milden Blätter als Salat. Die Blüten kann man zum Aromatisieren von Getränken verwenden.

Rezeptvorschlag:

Salat mit Sommer-Linde

150 g junge Blätter der Sommer-Linde | 1 Kopf Eisbergsalat | einige Wiesen-Löwenzahnblätter | 2 EL Rapsöl | 2 EL Obstessig | 4 EL Wasser | Pfeffer, Salz, etwas Zitronensaft | frische Salatkräuter

Die Blätter von Linde, Löwenzahn und Eisbergsalat waschen, trockenschleudern und in mundgerechte Stücke teilen. Aus den übrigen Zutaten ein Dressing anrühren. Die Salatkräuter klein hacken und über den Salat streuen. Das Dressing kurz vor dem Servieren über den Salat geben und gut durchmischen. Wer mag, röstet noch einige Weißbrotwürfel in Knoblauchbutter an und streut sie lauwarm über den Salat.

Löwenzahn, Wiesen-

Taraxacum officinale
auch Pusteblume

Steckbrief

Familie: Korbblütler (*Asteraceae*)
Standort: Wiesen, Wege
Wuchshöhe: 5 bis 40 cm
Lebensdauer: mehrjährig
Blütezeit: März bis Oktober
Blütenfarbe: gelb
Blütenblätter: mehr als zehn
Blütenstand: Einzelblüte
Laubblätter: länglich, fiederteilig, breitgestielt, grün, rosettig, glattrandig
Stängel: aufrecht, hohl, grün bis rötlich überlaufen, kahl
Frucht: Nuss

Verwendbare Pflanzenteile
Blätter, Blüten, Stängel

Erntezeit
Blätter: März bis Mai
Blüten: April bis August

Der Wiesen-Löwenzahn ist sehr weit verbreitet. Im Frühjahr sieht man oft ganze Wiesen, die im strahlenden Gelb der Blütenköpfe leuchten. Aus der Wurzel treibt im Frühjahr eine Blattrosette aus. Die Laubblätter sitzen grundständig und können bis zu 20 Zentimeter lang werden. Sie sind länglich bis eiförmig, stark fiederteilig mit einem glatten Rand. Der Stängel wächst aufrecht. Er ist innen hohl und führt, wie auch der Rest der Pflanze, einen weißlichen Milchsaft, der auf der Haut zu braunen Verfärbungen führt. Der Wiesen-Löwenzahn blüht fast das ganze Jahr hindurch. Seine gelben Blütenköpfe werden etwa vier Zentimeter groß und bestehen aus vielen Zungenblüten. Als Frucht bilden sich kleine Nüsse, die in einer Achäne, der Pusteblume, stehen. Die Samen werden als Schirmchenflieger weit verbreitet.

In der Heilkunde verwendet man die gesamte Pflanze. Sie gilt als appetit- und stoffwechselanregend, entkrampfend und entzündungshemmend. Sie enthält vor allem Flavonoide, Schleimstoffe, viel Vitamin C und Mineralstoffe.

Auch in der Küche wird der Wiesen-Löwenzahn aufgrund seiner hohen Nährstoffanteile gern verwendet. Hauptsächlich werden die jungen frischen Blätter als Salat zubereitet. Hierbei sind der Fantasie keine Grenzen gesetzt. Ob mit Tomaten, Karotten oder auch zusammen mit Nüssen – wer den leicht bitteren Geschmack der Pflanze mag, sollte es ausprobieren. Als Gemüsebeilage dünstet man ihn mit Knoblauch und gutem Öl. Oder einfach eine Wildkräutersuppe kochen. Aus den Blütenblättern lässt sich Marmelade herstellen, aber auch ein Sirup.

Rezeptvorschlag:

Suppe mit Wiesen-Löwenzahn

etwa 80 g junge Wiesen-Löwenzahnblätter | jeweils 100 g junge Blätter von Brennnessel und Giersch | 2 Knoblauchzehen | 1 Zwiebel | 3 EL gutes Öl | 2 EL Mehl | etwas Sellerie und Petersilie | 1 l Gemüsebrühe | etwas Sahne oder Schmand | Salz, Pfeffer | wer mag: Chilipulver

Alle Kräuter waschen, trockentupfen und klein schneiden. Zwiebel und Knoblauch hacken und in Öl glasig andünsten. Mit Mehl bestäuben, durchrühren und mit Gemüsebrühe aufgießen. Die Kräuter zugeben, aufkochen, alles etwa 15 Minuten köcheln lassen und danach mit dem Pürierstab pürieren. Mit Salz und Pfeffer abschmecken. Wer es scharf liebt, würzt mit Chilipulver. Dann noch die Sahne unterziehen und mit gerösteten Croutons bestreut servieren.

Lungenkraut, Echtes

Pulmonaria officinalis
auch Geflecktes Lungenkraut

Steckbrief

Familie:	Raublattgewächse *(Boraginaceae)*
Standort:	Gebüsch, Hecken
Wuchshöhe:	18 bis 30 cm
Lebensdauer:	mehrjährig
Blütezeit:	März bis Mai
Blütenfarbe:	rot bis bläulich violett
Blütenblätter:	fünf
Blütenstand:	Traube
Laubblätter:	herzförmig bis oval, rau, grün, weiß gefleckt, ganzrandig, spitzgestielt und ungestielt, wechselständig
Stängel:	aufrecht, kantig, grün, behaart
Frucht:	Nuss

Verwendbare Pflanzenteile
Blätter, Blüten

Erntezeit

Blätter:	März bis April
Blüten:	März bis Juni

Das Echte Lungenkraut ist eine eher anspruchslose Pflanze, die gut im Schatten unter Bäumen wächst. Dort bildet sie oftmals ganze Teppiche. Die krautige, mehrjährige Pflanze wird etwa 30 Zentimeter hoch. Schon im zeitigen Frühjahr erscheinen an einem borstig behaarten Stängel die kleinen, trichterförmigen, etwa 15 Millimeter großen Blüten. Sie stehen endständig in lockeren Trauben und sind rot bis bläulich violett. Die Laubblätter sind borstig behaart. Im unteren Pflanzenbereich sind sie eher herzförmig und langgestielt. Weiter oben am Stängel wachsen sie wechselständig in ovaler Form und ungestielt sitzend. Als Frucht werden Nüsschen gebildet, die tief im Blütenkelch liegen.

Das Echte Lungenkraut wird in der Heilkunde bei Reizhusten und Erkrankungen der oberen Atemwege angewendet. Hierzu wird das frische oder getrocknete Kraut als Teemischung mit anderen Kräutern zubereitet. Hildegard von Bingen empfiehlt außerdem einen Lungenkraut-Wein. Die Pflanze enthält Flavonoide, Schleimstoffe, Kieselsäure und Vitamin C.

In der Küche bereichern die Blätter und Blüten des Echten Lungenkrauts vor allem Salate und Kräuterquark. Aber auch in Suppe oder Gemüse lassen sie sich als Zutat verwenden. Versuchen Sie doch mal ein Bruschetta mit Tomate, das mit in Balsamico-Creme und Olivenöl marinierten Lungenkrautblüten garniert wird. Der Geschmack ist mild und etwas gurkenartig.

Mädesüß, Echtes

Filipendula ulmaria
auch Wald-Bart

Das Echte Mädesüß zählt zur Familie der Rosengewächse. Man findet es an feuchten Standorten wie Gräben oder feuchten Wiesen. Es wächst ausdauernd und bildet mitunter große Bestände. Es kann bis zu 1,20 Meter hoch werden, manchmal auch noch größer. Hat man Glück, findet man Exemplare, die auch mal zwei Meter erreichen. Der Stängel des Echten Mädesüß ist aufrecht und hart. Er ist grün bis rötlich und gerillt. Die Laubblätter sind dreieckig, gezähnt und stehen in einem Fiederblatt zusammen. Die Blattform erinnert etwas an die der Ulme. Im oberen Bereich des Stängels verzweigt sich die Pflanze. Dort bilden sich zwischen Juni und September die kleinen cremefarbenen Blüten aus. Sie stehen in lockeren Rispen zusammen und werden etwa sechs MIllimeter groß. Sie duften nach Mandeln, Honig und Vanille. Als Frucht wird eine Nuss gebildet.

In der Heilkunde gilt das Echte Mädesüß als schweißtreibend, immunstärkend, fiebersenkend und wird unter anderem bei Erkältungskrankheiten eingesetzt. Die Pflanze enthält Schleimstoffe, Flavonoide, ätherisches Öl und Kieselsäure. Das ätherische Öl Salicylsäure ist hier besonders erwähnenswert, da es als pflanzliches Schmerzmittel gilt. Es kommt in ähnlicher Form auch in der Aspirintablette vor.

In der Küche lassen sich die Blüten zum Aromatisieren von Getränken und Desserts verwenden. In der englischen Küche wird damit Panna Cotta oder auch Crème brûlée aromatisiert. Zusammen mit Erdbeeren oder Heidelbeeren schmecken die Cremes sehr lecker. Selbst die Germanen süßten ihren Met mit Mädesüß. Die Blätter gibt man zu spinatartigen Gerichten oder trocknet sie zur Teeherstellung. Die Pflanze schmeckt nach Mandeln.

Steckbrief

Familie:	Rosengewächse *(Rosaceae)*
Standort:	Wiesen, Gräben
Wuchshöhe:	70 bis 120 cm
Lebensdauer:	mehrjährig
Blütezeit:	Juni bis September
Blütenfarbe:	creme
Blütenblätter:	fünf oder sechs
Blütenstand:	Rispe
Laubblätter:	gefiedert, länglich, dreieckig, gezähnt, grün, wechselständig
Stängel:	aufrecht, grün bis rötlich, hart, gerillt, kahl, im oberen Teil verzweigt
Frucht:	Nuss

Verwendbare Pflanzenteile
Blätter, Blüten

Erntezeit

Blätter:	April
Blüten:	Juni bis August

Malve, Wilde

Malva sylvestris
auch Große Käsepappel

Steckbrief

Familie:	Malvengewächse *(Malvaceae)*
Standort:	Wegränder, Brachflächen
Wuchshöhe:	50 bis 100 cm
Lebensdauer:	mehrjährig
Blütezeit:	Juni bis September
Blütenfarbe:	rosa bis violett
Blütenblätter:	fünf
Blütenstand:	Achselstand
Laubblätter:	gelappt, rund, gezähnt, grün, gestielt, leicht behaart, wechselständig
Stängel:	aufrecht, rund, grün bis rötlich überlaufen, behaart
Frucht:	Nuss

Verwendbare Pflanzenteile
Blätter, Blüten

Erntezeit

Blätter:	April bis Juni
Blüten:	Juni bis September

Die Wilde Malve ist an sonnigen Standorten zu finden. Sie ist sehr widerstandsfähig und kommt mit trockenen Böden zurecht. Aus einer langen Pfahlwurzel treibt der weißlich behaarte, aufrechte Stängel aus. Er ist grün und von einigen rötlichen Streifen überzogen. Am Stängel wachsen die langgestielten Laubblätter. Der Stiel wird etwa sechs Zentimeter lang, das eigentliche Laubblatt etwa vier Zentimeter. Es ist meist fünffach gelappt und genau wie der Blattstiel behaart. In den Blattachseln wachsen die etwa fünf Zentimeter großen Blüten. Sie sind rosa und werden von dunkelvioletten Streifen durchzogen. Als Frucht bilden sich flache Nüsse, die in einem Ring aus mehreren Nüsschen im Blütenkelch angeordnet sind.

In der Heilkunde gilt die Wilde Malve als reizhustenlindernd und wird auch bei Magenproblemen angewendet. Zusammen mit anderen Kräutern bereitet man aus den Blättern einen Erkältungstee. Sie enthält vor allem Schleimstoffe, Flavonoide und ätherische Öle. Die im Handel unter „Malve“ angebotenen Produkte stammen meist nicht von der Wilden Malve, sondern von *„Hibiscus-sabdariffa“*, der Roselle oder auch Afrikanischen Malve.

Der Geschmack der Pflanze ist mild. Aus den jungen Blättern lässt sich ein Spinatgemüse zubereiten, das man mit Brennnesselblättern oder Blattspinat mischen kann. Auch in einem Gemüsegratin zusammen mit Kartoffeln kann man die Blätter verwenden. Ebenso als Salatbeigabe. Die Blüten eignen sich als essbare Dekoration.

Margerite, Wiesen-

Leucanthemum vulgare
auch Wiesen-Wucherblume

Jeder, der in der Natur spazieren geht, hat die Wiesenmargerite schon einmal gesehen. Sie treibt aus einer Blattrosette einen langen kahlen Stängel aus, der aufrecht nach oben wächst. An ihm wachsen die Laubblätter nur locker. Die meisten Blätter sitzen grundständig an der Blattrosette. Sie haben eine längliche, schmale Form und sind am Rand gezähnt. Während der langen Blütezeit von Mai bis Oktober steht am Stängelende die weiße, etwa sechs Zentimeter große Korbblüte. Der Blütenkorb ist gelb, die strahligen Blütenblätter weiß. Die Blüte wird gern von Bienen besucht. Als Frucht bilden sich kleine Nüsse, die in Achänen sitzen und vom Wind verbreitet werden.

In der Heilkunde hat die Margerite keine große Bedeutung. Man sagt ihr hustenlindernde, harn- und schweißtreibende Eigenschaften nach. Als Tee werden die Blütenköpfe bei Darm- und Menstruationsbeschwerden eingesetzt. Die Pflanze enthält vor allem ätherische Öle.

In der Küche kann man die jungen Blätter als Salatbeigabe verwenden. Sie schmecken ähnlich wie Feldsalat. Die Blütenknospen lassen sich im Ausbackteig frittieren oder mit Spargel und anderen Wildkräutern, wie zum Beispiel Giersch, anbraten. Die Blütenknospen schmecken süßlich. Weiße, abgezupfte Blütenblätter machen sich gut als essbare Dekoration auf dem Salat.

Steckbrief

Familie:	Korbblütler *(Asteraceae)*
Standort:	Wiesen, Weiden
Wuchshöhe:	20 bis 70 cm
Lebensdauer:	mehrjährig
Blütezeit:	Mai bis Oktober
Blütenfarbe:	weiß
Blütenblätter:	mehr als zehn
Blütenstand:	Einzelblüte
Laubblätter:	eiförmig, länglich, gezähnt, ungestielt, grün bis rötlich, wechselständig
Stängel:	aufrecht, grün, kantig, kahl
Frucht:	Nuss

Verwendbare Pflanzenteile

Blätter, Blüten

Erntezeit

Blätter:	März bis April
Blüten:	Mai bis Juni

Meerrettich, Gewöhnlicher

Armoracia rusticana
auch Kren

Steckbrief

Familie:	Kreuzblütler *(Brassicaceae)*
Standort:	Ufer, Gräben
Wuchshöhe:	50 bis 120 cm
Lebensdauer:	mehrjährig
Blütezeit:	Mai bis Juni
Blütenfarbe:	weiß
Blütenblätter:	vier
Blütenstand:	Traube
Laubblätter:	länglich, oval, spitz, breitgestielt, grün, gezähnt, wechselständig
Stängel:	aufrecht, grün, kahl, verzweigt
Frucht:	Schote

Verwendbare Pflanzenteile
Blätter, Wurzel

Erntezeit

Blätter:	März bis Mai
Wurzel:	September bis März

Der Gewöhnliche Meerrettich treibt im ersten Jahr aus einer dicken Pfahlwurzel die langen, bis zu einem Meter groß werdenden, grundständigen langgestielten Laubblätter aus. Sie sind gewellt und länglich oval. Die gesamte Pflanze kann sich sehr groß ausbreiten. Im zweiten Jahr entwickelt sich dann der Stängel, der sich an seiner Spitze verzweigt. Die gesamte Pflanze ist unbehaart. Während der Blütezeit von Mai bis Juni bilden sich die zahlreichen, etwa sechs Millimeter großen weißen Blüten. Sie stehen in Trauben zusammen. Als Frucht bildet sich eine rundliche, etwa sechs Millimeter lange Schote. Achtung, diese ist giftig.

Der Gewöhnliche Meerrettich enthält vor allem Senföle und viel Vitamin C. So gilt er als antibiotisch wirkende Pflanze. Außerdem wirkt er bei Erkältungskrankheiten, Harnwegsinfekten und Rheuma oder Gicht. Hierbei kommt nur die Wurzel zum Einsatz, aus der der Saft gewonnen wird.

Gewöhnlicher Meerrettich schmeckt scharf. In der Küche wird er gern als Gewürz eingesetzt. Auch hier wird vorwiegend die Wurzel verwendet, die man von September bis in das Frühjahr hinein ernten kann. Klein gerieben gibt man ihn als Gewürz zu Quark und Frischkäse oder bereitet Meerrettich-Sahne zu Fischgerichten zu. Meerrettichsoße reicht man zu Fleischgerichten, wie zum Beispiel Tafelspitz. Will man die Blätter verwenden, so gibt man sie klein geschnitten als Gewürz bei.

Rezeptvorschlag:

Meerrettichschmand

etwa 250 g Schmand | 250 g Naturjoghurt | 2 EL frisch geriebenen Meerrettich | Zitronensaft | flüssiger Honig | frisch gemahlener Pfeffer

Schmand und Naturjoghurt mit dem geriebenen Meerrettich gut verrühren. Mit Zitronensaft, Honig und frisch gemahlenem Pfeffer abschmecken. Serviert man dazu eine Ofenkartoffel mit einigen Scheiben Räucherlachs, hat man ein leckeres Hauptgericht.

Mehlbeere, Echte

Sorbus aria
auch Große Käsepappel

Steckbrief

Familie:	Rosengewächse (*Rosaceae*)
Standort:	Gebüsch, Felsen, Laubwald
Wuchshöhe:	3 bis 12 m
Lebensdauer:	bis 200 Jahre
Blütezeit:	Mai bis Juni
Blütenfarbe:	creme
Blütenblätter:	fünf
Blütenstand:	Rispe
Laubblätter:	eiförmig, spitz, gezähnt, grün, gestielt, unterseits behaart, wechselständig
Rinde:	grau, rissig
Frucht:	Kernobst

Verwendbare Pflanzenteile
Früchte

Erntezeit
Früchte: ab September

Die Echte Mehlbeere ist ein baumartig wachsender Strauch, der an lichten Standorten wie Gebüschen, lichten Laubwäldern oder Felsen vorkommt. Seine Wuchsform ist oval und schmal-aufrecht. Seine Wuchs ist eher langsam. Im Frühjahr erscheinen zusammen mit dem Laubblattaustrieb die kleinen cremefarbenen Blüten. Sie werden etwa 15 Millimeter groß und stehen in großer Zahl in doldenartigen Rispen zusammen. Die Rispen können etwa acht Zentimeter groß werden. Die Blüten duften angenehm und sind sehr nektarreich. Die Laubblätter der Echten Mehlbeere sind eiförmig und etwa fünf Zentimeter lang. Kurz nach dem Blattaustrieb ist das Blatt beidseitig behaart. Später verkahlt die Blattoberseite und ist ledrig glatt. Auf der Blattunterseite bleibt die weißliche, filzige Behaarung erhalten. Nach der Blüte wachsen die kleinen apfelartigen Früchte heran. Sind sie reif, besitzen sie eine orangerote bis rote Farbe. Sie werden etwa 15 Millimeter groß und behalten den Kelchansatz an der Frucht.

Die Mehlbeeren enthalten Pektin, Zitronen- und Apfelsäure. In der Heilkunde spielt die Pflanze keine große Rolle. Die Kerne enthalten geringe Anteile an Blausäureglykosid, das giftig ist. Deshalb sollten die Kerne nicht in großer Menge verzehrt werden.

Die Früchte der Echten Mehlbeere sind mehlig und schmecken leicht süßlich. Ernten sollte man sie am besten erst nach den ersten Nachtfrösten. Man kann sie zusammen mit anderen säurehaltigen Früchten zu Gelee, Fruchtmus oder auch Fruchtsuppe verarbeiten. Getrocknet gewinnt man daraus ein braunes Mehl, das, gemischt mit anderem Mehl, zum Brot- und Plätzchenbacken verwendet werden kann.

Melde, Gewöhnliche

Atriplex patula
auch Spreizende Melde

Die Gewöhnliche Melde ist eine einjährige, auf Äckern und Wiesen vorkommende Pflanze von krautigem Wuchs. Der Stängel wächst aufrecht und ist stark verzweigt. Die verzweigten Stängel sind ebenfalls lang und biegen sich leicht nach unten. Die Laubblätter haben ein unterschiedliches Aussehen. Im unteren Pflanzenteil sind die Blätter länglich spitz. Im unteren Blattbreich befinden sich zwei große Blattzähne. Der Blattrand ist ebenfalls gezähnt. Die oberen Stängelblätter dagegen sind glattrandig, länglich und spitz. Die kleinen grünen Blüten stehen in endständigen Ähren in kleinen Büscheln aus meist zehn Einzelblüten zusammen. Als Frucht bildet sich eine schwarze Nuss.

Die Gewöhnliche Melde ist reich an Vitamin A und C, Mineralstoffen und Saponinen. In der Heilkunde kommt der Melde keine große Bedeutung mehr zu. Dennoch gilt sie als entschlackend und abführend.

Der Geschmack der Pflanze ist spinatartig. Und so können die Blätter auch zubereitet werden. Als Gemüse eignen sie sich als Spinatersatz. Somit lassen sich viele Gerichte, wie zum Beispiel auch eine Tarte oder ein Eintopf, mit Melde zubereiten. Die Blütenknospen kann man als essbare Dekoration verwenden oder in Quark oder Frischkäse einrühren.

Steckbrief

Familie:	Fuchsschwanzgewächse *(Amaranthaceae)*
Standort:	Äcker, Wege
Wuchshöhe:	30 bis 80 cm
Lebensdauer:	einjährig
Blütezeit:	Juli bis Oktober
Blütenfarbe:	grün
Blütenblätter:	fünf
Blütenstand:	Ähre
Laubblätter:	eiförmig, länglich, spitz, gezähnt, gestielt, grün, ganzrandig, wechselständig oder gegenständig
Stängel:	aufrecht, grün, kantig, gerillt, verzweigt
Frucht:	Nuss

Verwendbare Pflanzenteile
Blätter, Blüten

Erntezeit

Blätter:	April bis Juni
Blüten:	Juli bis August

Melisse

Melissa officinalis
auch Honigblume

Steckbrief

Familie:	Lippenblütler *(Lamiaceae)*
Standort:	Waldrand, Hecken, Felsen
Wuchshöhe:	20 bis 90 cm
Lebensdauer:	mehrjährig
Blütezeit:	Juli bis August
Blütenfarbe:	weiß
Blütenblätter:	symmetrisch verwachsen
Blütenstand:	Halbquirl
Laubblätter:	eiförmig, spitz, gezähnt, grün, gestielt, weich, behaart, gegenständig
Stängel:	aufrecht, kantig, verzweigt, behaart
Frucht:	Nuss

Verwendbare Pflanzenteile
Blätter

Erntezeit
Blätter: Juni bis August

Die Melisse stammt ursprünglich aus dem Mittelmeerraum. Von dort hat sie sich nach und nach eingebürgert. Sie wurde angebaut und ist auch wild zu finden. Man erkennt sie vor allem an ihrem Geruch beim Zerreiben der Blätter. Diese verströmen einen zitronenartigen Duft. Die Melisse wird etwa 90 Zentimeter hoch und ist mehrjährig. Die Laubblätter sind gegenständig am Stängel angeordnet und eiförmig. Sie werden etwa sechs Zentimeter lang. Von Juli bis August blüht die Melisse. Die Blüten sind weiß oder auch manchmal bläulich angehaucht und werden etwa einen Zentimeter groß. Sie wachsen aus den Blattachseln und stehen in Blütengruppen im Halbkreis um den Stängel herum. Als Frucht wird eine Nuss gebildet.

Die Melisse enthält vor allem ätherisches Öl, Flavonoide, Harze sowie Gerb- und Bitterstoffe. Die Heilpflanze gilt sie als beruhigend, schmerzstillend, nervenstärkend, krampflösend und antibakteriell. Am bekanntesten ist wohl Melissengeist, der Melissentee und das Melissenöl in der Anwendung.

In der Küche nutzt man die Blätter, die am besten vor der Blüte geerntet werden, zum Würzen von Salaten oder zum Aromatisieren von Getränken. Aber auch in Reisgerichten oder zu Fisch ist die Melisse ein guter Begleiter. Ebenso kann man sie als Zutat in einem Kräuterpesto nutzen. Die Blätter sollten nicht erhitzt werden, da sie dann ihr zitronenartiges Aroma verlieren.

Minze, Grüne

Mentha spicata
auch Ährige Minze

Die Grüne Minze zählt zur Familie der Lippenblütler, findet sich an feuchten Standorten wie Gräben und Ufern und wird bis etwa 1,30 Meter groß. Sie ist eine krautige Pflanze, deren Laubblätter an einem kantigen Stängel wachsen. Diese sind kurzgestielt und werden etwa sieben Zentimeter lang. Die Form ist länglich-oval. Ebenso wie der Stängel sind sie behaart, wachsen gegenständig und verströmen beim Zerreiben einen minzigen Geruch. Die kleinen Blüten stehen in endständigen Ähren, die bis zu zehn Zentimeter lang werden können. Die Einzelblüte ist etwa vier Millimeter groß und von weißer bis violetter Färbung. Nach der Blütezeit bilden sich kleine Nussfrüchte.

Als Hauptinhaltsstoffe sind ätherisches Öl, Flavonoide und Gerbstoffe zu nennen. In der Heilkunde gilt die Pflanze als antibakteriell und soll positiv auf den Magen-Darm-Trakt wirken. Die Blätter der Grünen Minze haben den typischen Minzegeschmack.

In der Küche verwendet man die jungen Blätter der Grünen Minze zum Würzen von Salaten, als Tee oder zum Aromatisieren von Getränken. In Cocktails wie „Mojito" oder „Hugo" darf die Minze ebenfalls nicht fehlen. Auch ein Minzelikör lässt sich aus den Blättern herstellen. Einen leckeren Dip kann man aus Minze, Schmand, Knoblauch, Obstessig, Öl und Sojasauce zubereiten.

Steckbrief

Familie:	Lippenblütler *(Lamiaceae)*
Standort:	Gräben, Ufer
Wuchshöhe:	30 bis 130 cm
Lebensdauer:	mehrjährig
Blütezeit:	Juli bis September
Blütenfarbe:	weiß, violett
Blütenblätter:	symmetrisch verwachsen
Blütenstand:	Ähre
Laubblätter:	eiförmig, länglich, spitz, gezähnt, gestielt, grün, behaart, gegenständig
Stängel:	aufrecht, grün bis rötlich überlaufen, kantig, behaart, verzweigt
Frucht:	Nuss

Verwendbare Pflanzenteile
Blätter

Erntezeit

Blätter:	April bis August

Mispel, Echte

Mespilus germanica
auch Deutsche Mispel

Steckbrief

Familie:	Rosengewächse (*Rosaceae)*
Standort:	Waldrand
Wuchshöhe:	3 bis 4 m
Lebensdauer:	bis 50 Jahre
Blütezeit:	Mai bis Juni
Blütenfarbe:	weiß
Blütenblätter:	fünf
Blütenstand:	Einzelblüte
Laubblätter:	eiförmig, spitz, dunkelgrün, unterseits behaart, glattrandig, wechselständig
Rinde:	braun bis rot, schuppig
Frucht:	Kernobst

Verwendbare Pflanzenteile
Früchte

Erntezeit
Früchte: ab November

Die Echte Mispel zählt zur Familie der Rosengewächse. Sie kommt meist an Waldrändern vor und kann Wuchshöhen bis zu fünf Meter erreichen. Der Stamm ist dünn und meist krumm gewachsen. Dagegen ist die Baumkrone groß und ausladend nach unten hängend. Im Frühjahr treiben die bis zu zwölf Zentimeter lang werdenden, spitz zulaufenden, ovalen Laubblätter aus. Sie sind auf der Blattoberseite dunkelgrün, auf der Blattunterseite heller und wollig behaart. Die Blüten der Echten Mispel sind ein wahrer Hingucker. Sie werden etwa fünf Zentimeter groß und hüllen den Baum während der Blütezeit von Mai bis Juni in Cremeweiß. Nach der Blüte reifen die Früchte heran. Sie sind rundlich und sehen aus wie kleine, etwa drei Zentimeter große bräunliche Äpfel. Die Echte Mispel wird auch kultiviert als Zierobstbaum angebaut. Man kann die Wildform gut von der Kulturform daran unterscheiden, dass die Wildform meist Dornen besitzt und vom Wuchs her kleiner bleibt.

Die Früchte der Echten Mispel enthalten vor allem Vitamin C, Gerbstoffe, Zucker und Pektin. In der Heilkunde verwendet man die Früchte bei Magenproblemen. Sie gelten als entschlackend und harntreibend.

Die Früchte sollte man nach den ersten Frösten ernten. Dann sind sie nicht mehr hart und schmecken säuerlich-süß. Dieses Kernobst ist fast in Vergessenheit geraten. Aus den Früchten lassen sich Saft, Marmelade, Likör oder auch Mus herstellen. Gute Partner der Mispel sind Apfel, Birne oder Quitte.

Rezeptvorschlag:

Mispel-Mus

1 kg nach dem Frost geerntete Mispeln | etwas Wasser | Honig | Zitronensaft

Die Mispeln waschen und in vier Teile schneiden. In einen Kochtopf geben. Mit Wasser auffüllen und die Früchte bei mittlerer Hitze weichkochen lassen. Das Ganze durch ein Sieb passieren. Besser geht es mit der Flotten Lotte. Das Fruchtmus mit Zitronensaft und Honig abschmecken.

Wer mag, kann mit den Mispeln zusammen noch einige Birnen verarbeiten. Mit einer Zimtstange gekocht, bekommt das Ganze ein winterliches Aroma.

Steckbrief

Familie: Doldenblütler *(Apiaceae)*
Standort: Wiesen, Wegrand, Küste
Wuchshöhe: 50 bis 100 cm
Lebensdauer: zweijährig
Blütezeit: Juni bis August
Blütenfarbe: weiß
Blütenblätter: fünf
Blütenstand: Dolde
Laubblätter: gefiedert, schmal, spitz, grün, wechselständig
Stängel: aufrecht, gefurcht, grün bis rötlich, behaart
Frucht: Spaltfrucht

Verwendbare Pflanzenteile
Wurzel

Erntezeit
Wurzel: September bis April

Rezeptvorschlag:

Gemüsesuppe mit Wilder Möhre

4 Wurzeln der Wilden Möhre | 1 Zwiebel | 1 Knoblauchzehe | ein Bund Suppengemüse (ohne Kulturmöhre) | etwas Butter | 2 Kartoffeln | 1 l Wasser | Pfeffer, Salz, Muskatnuss

Die Zwiebeln klein hacken und in etwas Butter andünsten. Die Wurzeln putzen, klein schneiden, zu den Zwiebeln geben und kurz mitdünsten. Wasser dazugeben. Danach das Suppengemüse und die klein geschnittenen, geschälten Kartoffelstücke zugeben. Knoblauch pressen und ebenso zur Suppe geben. Alles köcheln, bis das Gemüse weich ist. Mit Salz, Pfeffer und Muskatnuss abschmecken. Wer es cremig mag, püriert mit dem Stabmixer und gibt etwas Schmelzkäse hinzu, der sich darin unter Rühren langsam auflöst.

Möhre, Wilde

Daucus carota subsp. carota
auch Gewöhnliche Möhre

Die Wilde Möhre ist die Urform unserer Kulturmöhre (*Daucus carota subsp. sativus*). Die Wilde Möhre kommt an Wegrändern und trockenen Wiesen vor. Sie ist eine zweijährige Pflanze. Im ersten Jahr wachsen die Wurzel und die grundständigen Blätter, im zweiten bilden sich der Stängel und die Blüte. Die Wurzel ist der essbare Teil der Pflanze. Sie ist, im Gegensatz zur Kulturmöhre, nicht orange-gelb, sondern weiß. Das kommt daher, dass sie wenig Karotin enthält. Sie ist in der Regel auch dünner als die Kulturmöhre. Die Blätter sind schmal, lang und gefiedert, so wie auch die der Kulturmöhre. Der Stängel wächst aufrecht, ist borstig behaart und gefurcht. Als Blüte bildet sich eine weißlich gelbe Dolde. Sie besteht aus vielen kleinen Einzelblüten. Ein gutes Erkennungsmerkmal der Wilden Möhre ist die dunkelrote Einzelblüte in der Mitte der Dolde. Sie ist deutlich größer als der Rest. Unterhalb der Dolde sitzen außerdem kleine Blättchen, was bei anderen Doldenblütlern nicht häufig vorkommt. Als Samen bilden sich Spaltfrüchte, die in einem kleinen Nestchen zusammenstehen. Beim Ernten bitte wieder an die Verwechslungsgefahr mit giftigen Doldenblütlern denken!

Die Pflanze enthält ätherisches Öl, Pektin, Karotin und Vitamin B und C. In der Heilkunde gilt die Wilde Möhre als harn- und windtreibend sowie blutzuckersenkend.

In der Küche verwendet man hauptsächlich die Wurzel, die man im zweiten Jahr – aber vor der Blüte – erntet, da sie sonst holzig wird. Sie schmeckt süßlich. Ist sie noch jung, kann man sie auch roh essen. Man verwendet sie als Gemüse oder in der Suppe.

Nachtkerze, Gewöhnliche

Oenothera biennis
auch Schinkenwurz

Steckbrief

Familie:	Nachtkerzengewächse *(Onagraceae)*
Standort:	Wegrand, Gräben, Brachland
Wuchshöhe:	80 bis 150 cm
Lebensdauer:	zweijährig
Blütezeit:	Juni bis September
Blütenfarbe:	gelb
Blütenblätter:	vier
Blütenstand:	Traube
Laubblätter:	lanzettig, schmal, klein gezähnt, grün bis rot geadert, wechselständig
Stängel:	aufrecht, steif, grün bis rötlich, leicht behaart
Frucht:	Kapsel

Verwendbare Pflanzenteile
Blätter, Wurzel

Erntezeit

Blätter:	März bis Mai
Wurzel:	September bis November
Samen:	ab September

Die Gewöhnliche Nachtkerze wächst besonders gern an warmen, unkultivierten Standorten. Sie ist eine zweijährige Pflanze. Im ersten Jahr bilden sich die Pfahlwurzel und eine grundständige Blattrosette, die sehr flach auf dem Boden liegt. Im zweiten Jahr wächst der lange, aufrechte und steife Stängel empor. Meist ist er nicht verzweigt. Die Laubblätter im unteren Pflanzenteil werden etwa zwanzig Zentimeter lang, die Stängelblätter sind kleiner. Sie sind länglich und leicht gezähnt. Die grundständigen Blätter weisen manchmal rote Blattadern auf. Aus den Blattachseln wachsen an langen Stielen die etwa vier Zentimeter groß werdenden, schönen, intensiv gelben Blüten. Die Gewöhnlichen Nachtkerze öffnet am Abend Diese wachsen die ganze Nacht hindurch. Am nächsten Tag welken sie und es öffnen sich neue. Die Gewöhnliche Nachtkerze ist ein wichtiger Nahrungsspender für Nachtfalter.

Die Gewöhnliche Nachtkerze enthält Flavonoide, Gerbstoffe, Fettsäure, Zucker und Harze. In der Heilkunde werden vor allem die Samen für die Nachtkerzenölherstellung verwendet. Dieses gilt als krampflösend, blutreinigend und entzündungshemmend.

In der Küche verwendet man die Wurzel, die man vor der Blüte erntet. Sie kann wie Schwarzwurzelgemüse zubereitet werden. Die jungen Blätter gibt man zu Salaten oder dünstet sie wie grünes Blattgemüse. Die Blätter schmecken spinatähnlich, die Wurzeln kommen dem Geschmack der Schwarzwurzel nahe.

Rezeptvorschlag:

Wurzelgemüse von der Nachtkerze

1 kg Wurzeln der Nachtkerze | 1 EL Essig | 2 EL Mehl | 50 g Butter | Salz, Pfeffer, Muskatnuss | Zitronensaft | Wasser

Die Wurzeln putzen und in mundgerechte Stücke schneiden. Essig mit etwas Wasser verrühren und die Wurzelstücke kurz darin einlegen. Herausnehmen und in einem Topf mit kochendem Salzwasser und etwas Zitronensaft weich kochen.

Dann aus Butter und Mehl eine Schwitze herstellen. Dazu Butter schmelzen lassen und leicht bräunen. Mehl einrühren und unter Rühren etwa einen Viertelliter abgeschöpftes Kochwasser hinzugeben. Darauf achten, dass keine Klümpchen entstehen. Aufkochen und mit Salz, Pfeffer und Muskatnuss abschmecken. Die helle Soße vor dem Servieren über das Gemüse geben.

Natternkopf, Gewöhnlicher

Echium vulgare
auch Blauer Natternkopf

Steckbrief

Familie:	Raublattgewächse (*Boraginaceae*)
Standort:	Wegränder, Felsen, Schuttplätze
Wuchshöhe:	50 bis 100 cm
Lebensdauer:	zweijährig
Blütezeit:	Juni bis September
Blütenfarbe:	blauviolett
Blütenblätter:	fünf
Blütenstand:	Traube
Laubblätter:	lanzettig, spitz, glattrandig, grün, gestielt oder ungestielt, behaart, wechselständig
Stängel:	aufrecht, steif, behaart, grün, rot gepunktet
Frucht:	Spaltfrucht

Verwendbare Pflanzenteile
Blätter, Blüten

Erntezeit

Blätter:	Mai bis April
Blüten:	Juni bis September

Der Gewöhnliche Natternkopf ist eine meist zweijährig wachsende krautige Pflanze. Man findet sie an Wegrändern oder felsigen Böden. Die Pflanze kann bis zu einem Meter hoch werden und zählt zur Familie der Raublattgewächse. Ihre nahen Verwandten sind der Borretsch (*Borago officinalis*) und der Beinwell (*Symphytum*). Im ersten Jahr bilden sich die Wurzel und eine Blattrosette, im folgenden Jahr wächst der Stängel und die blauen Blüten erscheinen. Die gesamte Pflanze ist borstig behaart. Der Stängel ist grün und von aufrechtem Wuchs. Er ist übersät mit roten Punkten. Die Laubblätter sind im unteren Pflanzenbereich gestielt und etwa 15 Zentimeter lang, die Stängelblätter dagegen sitzend und kleiner. Die trichterartigen Blüten erscheinen zwischen Juni und September. Anfangs sind sie noch rosa und färben sich dann über violett zu tiefblauen, etwa zwei Zentimeter großen Blüten, die aus den Blattachseln wachsen. Auffallend bei den Blüten sind die drei bis fünf aus dem Trichter herausragenden Staubblätter. Wegen ihres Aussehens, das dem einer züngelnden Schlange ähnelt, erhielt die Pflanze ihren Namen. Als Frucht bilden sich kleine Spaltfrüchte.

Der Gewöhnliche Natternkopf enthält vor allem sekundäre Pflanzenstoffe und Schleimstoffe sowie Pyrrolizidinalkoholide wie das Consolidin. Angeblich sollen diese die Leber in ihrer Funktion einschränken. Früher wurde die Pflanze häufig verzehrt, ohne dass solche negativen Nebenwirkungen eintraten. Es wird ihr allerdings eine harntreibende und hustenstillene Wirkung nachgesagt. Ob man die Pflanze nun nutzt oder nicht, muss jeder selbst entscheiden.

Der Geschmack des Gewöhnlichen Natternkopfs ähnelt dem von Gurken. Die Blätter lassen sich zu Blattgemüse verarbeiten oder Salaten beimischen. Die Blüten fügt man einem Blütensalat hinzu. Sie sind außerdem auch eine schöne essbare Dekoration.

Nelkenwurz, Echte

Geum urbanum
auch Märzkraut

Die Echte Nelkenwurz zählt zur Familie der Rosengewächse. Sie ist eine mehrjährig wachsende Staude, die in Wäldern oder Gebüschen zu finden ist. Ihre etwa 15 Zentimeter langen grundständigen, meist fünffach gefiederten Laubblätter sind in einer Blattrosette angeordnet und langgestielt. Als Gesamtblatt sehen sie dreieckig aus. Die Stängelblätter sind kleiner und meist nur dreifach gefiedert. Der Stängel wächst aufrecht. Er ist sehr dünn und lang. Am Ende verzweigt er ästig. Dort bilden sich auch die etwa 15 Millimeter großen Einzelblüten aus. Sie sind gelb und haben fünf Kronblätter. Die Griffel in der Blüte sind lang und haben eine hakenförmige Spitze. Als Frucht bildet sich eine Nuss.

Die Echte Nelkenwurz enthält ätherisches Öl, Gerb- und Bitterstoffe sowie Zucker. In der Heilkunde wird die Wurzel verwendet. Sie enthält das Nelkenöl, das man beim Zerreiben der Wurzel riecht. Die Wurzel gilt als appetitanregend, Magen-Darm-regulierend und antiseptisch.

In der Küche kann man die jungen Blätter Salaten oder Dips beimischen. Die Blüten eignen sich als essbare Dekoration. Die Wurzeln nutzt man als Nelkenersatz zum Würzen von Speisen oder Getränken. Der Geschmack der Pflanze ist nelkenartig herb.

Steckbrief

Familie:	Rosengewächse *(Rosaceae)*
Standort:	Wälder, Gebüsch
Wuchshöhe:	40 bis 70 cm
Lebensdauer:	mehrjährig
Blütezeit:	Mai bis September
Blütenfarbe:	gelb
Blütenblätter:	fünf
Blütenstand:	Einzelblüte
Laubblätter:	eiförmig, gefiedert, spitz, gezähnt, gestielt, grün, behaart, wechselständig
Stängel:	aufrecht, dünn, grün, gefurcht, behaart, oben verzweigt
Frucht:	Nuss

Verwendbare Pflanzenteile

Blätter

Erntezeit

Blätter:	März bis April
Blüten:	Mai bis Juni
Wurzel:	September bis März

Pastinak

Pastinaca sativa subsp. sativa var. pratensis
auch Wiesen-Pastinak

Steckbrief

Familie:	Doldenblütler *(Apiaceae)*
Standort:	Wegränder, Gebüsch
Wuchshöhe:	60 bis 100 cm
Lebensdauer:	zweijährig
Blütezeit:	Juli bis August
Blütenfarbe:	gelbgrün
Blütenblätter:	fünf
Blütenstand:	Dolde
Laubblätter:	eiförmig, spitz, gezähnt, gefiedert, grün, gestielt, wechselständig
Stängel:	aufrecht, hohl, kantig, grün
Frucht:	Nuss

Verwendbare Pflanzenteile

Blätter, Blüten, Wurzeln

Erntezeit

Blätter:	April bis Juli
Blüten:	Juli bis August
Wurzeln:	September bis März

Der Pastinak ist eine sehr widerstandsfähige Pflanze, die zweijährig wächst. Zu finden ist er oft an Wegen oder Gebüschen. Im ersten Jahr treiben die Wurzel und eine Blattrosette aus. Die Wurzel ist lang, dünn und möhrenartig, allerdings weißlich gefärbt. Aus der Blattrosette treibt im zweiten Jahr der gefurchte kantige Stängel aus. Dieser verzweigt sich häufig. An ihm stehen die gestielten, dunkelgrünen Laubblätter. Sie sind gefiedert mit gezähntem Rand. Die Gesamtform eines Blattes ist dreieckig. Während der Blütezeit bilden sich an den Stängelenden die Blütendolden mit ihren gelben bis grünen, etwa 1,5 Millimeter großen Einzelblüten. Als Frucht bildet sich eine flache Nuss.

Die Pflanze enthält viele Vitamine wie zum Beispiel A, B und C. Außerdem ätherische Öle, Eiweiß und Mineralstoffe. In der Heilkunde gilt die Pflanze als verdauungs- und schlaffördernd sowie schmerzlindernd.

In der Küche wird zur Zeit die Kulturform des Pastinaks wiederentdeckt. Von der Wildform verwendet man vor allem die Wurzeln, die ähnlich wie Möhren zubereitet werden können. Sie schmecken als Suppe, Gratin, Gemüse oder auch als Pastinak-Chips. Junge Blätter eignen sich als Beigabe zu Blattsalaten. Die Blüten sind eine aromatische Dekoration auf Speisen. Der Geschmack ist süßlich scharf, etwas sellerieähnlich.

Pfefferknöterich

Persicaria hydropiper
auch Wasserpfeffer

Der Pfefferknöterich wächst an feuchten Standorten. Er ist nur einjährig und wird bis zu 90 cm hoch. Der Stängel wächst aufrecht und bildet in Abständen knotige Verdickungen, die von einem roten Ring umgeben werden. Aus diesem Knoten wachsen die wechselständigen Laubblätter. Sie sind lanzettig schmal, scharf und spitz. Meist sind sie mit kleinen dunklen Flecken übersät. Sie werden bis zu zwölf Zentimeter lang und sind leicht behaart. Während der Blütezeit, die von Mai bis Oktober geht, wachsen entweder aus den Knoten oder auch endständig die ährigen Blütenstände, die bis zu acht Zentimeter lang werden können. Oft ist der Blütenstand an der Spitze nach unten gebogen. Die Einzelblüte ist mit zwei Millimetern sehr klein. An den Ähren werden nach der Blütezeit winzige, nur einen halben Millimeter große Nussfrüchte ausgebildet.

Der Pfefferknöterich enthält vor allem Gerbstoffe, ätherisches Öl und Eisen. Der Geschmack der Blätter ist pfeffrig scharf. In der Heilkunde gilt der Pfefferknöterich als zusammenziehend, blutreinigend, blutstillend und harntreibend.

In der Küche kann er als Gewürzersatz für Pfeffer dienen. Man gibt die fein gehackten Blätter in Kräuterquark und Pesto. Die Samen kann man ebenso als scharfes Gewürz einsetzen. Sparsam dosieren. Vor allem in der japanischen Küche wird der Pfefferknöterich gern verwendet.

Steckbrief

Familie:	Knöterichgewächse (*Polygonaceae*)
Standort:	Ufer, Böschungen, feuchte Waldränder
Wuchshöhe:	60 bis 90 cm
Lebensdauer:	einjährig
Blütezeit:	Mai bis Oktober
Blütenfarbe:	grün bis rosa
Blütenblätter:	fünf
Blütenstand:	Ähre
Laubblätter:	lanzettig, spitz, schmal, grün, gestielt, leicht behaart, wechselständig
Stängel:	aufrecht, knotig, leicht behaart oder kahl, dünn
Frucht:	Nuss

Verwendbare Pflanzenteile

Blätter, Samen

Erntezeit

Blätter:	März bis Juli
Samen:	September bis Oktober

Pfennigkraut

Lysimachia nummularia
auch Münzkraut

Steckbrief

Familie:	Primelgewächse *(Primulaceae)*
Standort:	Bachufer, Gräben, Strand
Wuchshöhe:	bis 5 cm
Lebensdauer:	mehrjährig
Blütezeit:	Mai bis Juli
Blütenfarbe:	gelb
Blütenblätter:	fünf
Blütenstand:	Einzelblüte
Laubblätter:	eiförmig, spitz, ganzrandig, gestielt, grün bis schwarz gefleckt, gegenständig
Stängel:	kriechend, dünn, grün bis rötlich, verzweigt
Frucht:	Kapsel

Verwendbare Pflanzenteile
Blätter, Blüten

Erntezeit

Blätter:	Januar bis Dezember
Blüten:	Mai bis Juli

Das Pfennigkraut ist ein immergrünes Pflänzchen, das kriechend flach am Boden wächst. Es wird meist nicht höher als fünf Zentimeter. Seine kriechenden Stängel bilden an den Verzweigungen kleine Ausläufer, die wiederum in den Boden einwachsen. So bilden sich häufig ganze Pfennigkrautteppiche aus. Die Laubblätter sind klein und rundlich. Sie werden etwa zwei Zentimeter groß und erinnern an Münzen. Sie sind grün und mit winzig kleinen schwarzen Flecken bedeckt. Während der Blütezeit von Mai bis Juli erscheinen die etwa fünf Zentimeter großen gelben, becherförmigen Blüten. Sie wachsen aus den Blattachseln und sind langgestielt. Auch die Kronblätter haben kleine schwarze Pünktchen. Manchmal nimmt die Innenseite der Blüte auch eine rötliche Farbe an. Als Frucht wird eine Kapsel gebildet.

Das Pfennigkraut enthält vor allem Gerbstoffe, Flavonoide und Kieselsäure. In der Heilkunde spielt die Pflanze keine Rolle. Es wird ihr aber eine schmerzlindernde, entzündungshemmende, wundheilende und krampflösende Wirkung nachgesagt. Vor allem als Hustenmittel kommt sie als Tee zum Einsatz.

Der Geschmack der Pflanze ist spargelähnlich bitter. Man verwendet die Blätter als Beigabe zu Salat, in Kräuterquark oder Kräuterbutter. Die Blüten sind schön als essbare Dekoration.

Portulak

Portulaca oleracea
auch Gemüse-Portulak

Der Portulak kommt verwildert in Weinbergen oder an Wegrändern vor. Er ist eine ein- bis mehrjährige Pflanze mit sukkulenten Laubblättern. Diese sind fleischig, ledrig und am Blattstiel spitz zulaufend bei sonst ovaler Form. Sie werden etwa drei Zentimeter lang und stehen wechselständig. Die Stängel sind grün. Rötlich färben sich Stängel und Blätter an einem sonnigen Standort. Sie liegen flach auf dem Boden und breiten sich sternförmig aus. Dabei verzweigen sie sich reichlich, sodass sich der Portulak schnell verbreitet. Die gelben, etwa fünf Millimeter großen Blüten wachsen meist umgeben von vier kleinen Laubblättern. Dabei stehen oft drei Blüten in den Blattachseln zusammen. Die Blüten öffnen sich nur kurz am späten Vormittag. Als Frucht bildet sich eine Kapsel, die die kleinen, schwarzen flachen Samen enthält.

Der Portulak enthält viel Vitamin C, Mineralstoffe wie Eisen, Kalzium und Magnesium, Schleimstoffe und Omega-3-Fettsäure. In der Heilkunde gilt er als blutreinigend, antibakteriell und harntreibend.

Früher wurde der Portulak viel als Gemüse genutzt. Er ist aber im Laufe der Zeit in Vergessenheit geraten. Die Pflanze ist saftig und von etwas saurer Geschmacksnote. Portulak eignet sich als Salat oder Gemüse. An der Algarve bereitet man eine Suppe aus Portulak zu: die „Sopa de Beldroegas“. In der Türkei richtet man ihn mit Knoblauchjoghurt als Vorspeise an oder kocht ein traditionelles Gericht, das „Pirinçli semizotu yemeği“, ein Reisgericht mit Portulak, Tomate und Olivenöl.

Steckbrief

Familie:	Portulakgewächse *(Portulacaceae)*
Standort:	Weinberge, Wegränder
Wuchshöhe:	10 bis 30 cm
Lebensdauer:	mehrjährig
Blütezeit:	Juni bis September
Blütenfarbe:	gelb
Blütenblätter:	fünf
Blütenstand:	Einzelblüte
Laubblätter:	oval, stumpf, unten spitz, ganzrandig, gestielt, grün, ledrig, wechselständig
Stängel:	niederliegend, grün bis rötlich, verzweigt
Frucht:	Kapsel

Verwendbare Pflanzenteile
Blätter

Erntezeit
Blätter: April bis Mai

Steckbrief

Familie: Heidekrautgewächse *(Ericaceae)*
Standort: Heide, Moor, Nadelwald
Wuchshöhe: 30 bis 70 cm
Lebensdauer: mehrjährig
Blütezeit: Juni bis August
Blütenfarbe: weiß, hellrosa
Blütenblätter: vier
Blütenstand: Traube
Laubblätter: oval, länglich, ganzrandig, ledrig, grün, wechselständig
Stängel: kriechend, aufstrebend, leicht behaart
Frucht: Beere

Verwendbare Pflanzenteile
Früchte

Erntezeit
Früchte: Juli bis September

Preiselbeere

Vaccinium vitis-idaea
auch Kronsbeere

Die Preiselbeere ist ein immergrüner, kleiner Halbstrauch. Mit seinen kriechenden Stängeln breitet er sich sehr schnell aus und bildet ganze Preiselbeerkolonien. Der Halbstrauch kann bis zu 70 Zentimeter hoch werden. Die Stängel an Jungtrieben weisen eine leichte Behaarung auf. Die Laubblätter stehen wechselständig, sind oval und zum Blattstiel hin spitz zulaufend. Ihre Oberfläche ist glänzend ledrig. Die Blattunterseite ist heller und mit kleinen dunklen Flecken übersät. Während der Blütezeit erscheinen die etwa acht Millimeter langen, weißen bis rosafarbenen Blüten. Die Kronblätter sind verwachsen und bilden kleine, hängende, glockige Blüten, die endständig in Trauben zusammenstehen. Nach der Blütezeit bilden sich die etwa fünf bis zehn Millimeter großen Beeren. Sie färben sich von hellgrün bis zur Fruchtreife zu rot, sind glänzend und haben ein kugeliges Aussehen.

Die Preiselbeeren sind reich an Vitamin C und E, Gerbstoffen und Mineralstoffen wie Eisen, Kupfer, Zink und Mangan. Der Geschmack ist säuerlich frisch. In der Heilkunde nutzt man die Beeren im Winter als Vitamin-C-Spender. Außerdem gelten sie als blutreinigend und leicht harntreibend und können Blasenentzündungen vorbeugen.

In der Küche sind die Beeren vielseitig verwendbar. Als Kompott, Kuchenbelag, Desserts, in Obstsalat oder auch in Saucen. Gern reicht man Preiselbeerkompott zu gebackenem Camembert oder zu Wildgerichten. Es lässt sich auch eine Preiselbeer-Merrettich-Sahne herstellen, die zu Matjes oder auch geräucherter Forelle serviert wird. In Schweden stellt man daraus den Kompott „Lingonsylt“ her.

Rezeptvorschlag:

Preiselbeer-Mus

1,5 kg frische Preiselbeeren | 300 g Zucker | 1 ungespritzte Zitrone | 1 Päckchen Vanillezucker | 250 ml Wasser | einige Schraubgläser mit Deckel

Die Beeren waschen, verlesen und auf einem Sieb abtrocknen lassen. Die Schraubgläser auskochen und ebenfalls trocknen lassen. Die Zitronenschale abreiben und danach die Zitrone auspressen. Die Beeren zusammen mit dem Wasser sowie den restlichen Zutaten in einen Topf geben. Aufkochen und weitere 10 bis 15 Minuten köcheln lassen. Sofort in die Schraubgläser füllen, verschließen und etwa fünf Minuten zum Vakuumieren auf den Kopf stellen.

Man kann zum Eindicken auch Gelierzucker verwenden. Dann alles nach den Gewichten auf der Packung zubereiten. Bei Gelierzucker 3:1 wird der Kompott nicht so süß.

Queller, Europäischer

Salicornia europaea agg.
auch Kurzähren-Queller

Steckbrief

Familie: Fuchsschwanzgewächse (*Amaranthaceae*)
Standort: Watt, Salzschlick, Küste
Wuchshöhe: 10 bis 30 cm
Lebensdauer: einjährig
Blütezeit: August bis September
Blütenfarbe: grün bis rötlich
Blütenblätter: unscheinbar
Blütenstand: Ähre
Laubblätter: Schuppen, grün bis blaugrün oder rötlich, gegenständig
Stängel: aufrecht oder niederliegend, fleischig, unbehaart, durchscheinend
Frucht: Beere

Verwendbare Pflanzenteile
Triebe

Erntezeit
Triebe: Mai bis Juni

Der Europäische Queller ist eine einjährige, sukkulente Salzpflanze, die im Watt und salzigem Schlick zu finden ist. Es handelt sich nicht um Algen, sondern um Fuchsschwanzgewächse. Der Queller kann entweder niederliegend oder auch aufrecht mit seitlichen Ästen wachsen. Die Pflanze ist in knotige Abschnitte unterteilt. Der Stängel ist glasig durchscheinend. Die Laubblätter sind kleine Schuppen, die eng am Stängel anliegen. Während der Blütezeit von August bis September färben sich die Laubblätter rötlich. Die Blüte ist unscheinbar zwischen den Laubblättern versteckt. Meist ragt nur der Griffel sichtbar hervor. Die sich bildenden unscheinbaren, endständigen Ähren werden etwa fünf Zentimeter lang.

Der Europäische Queller ist reich an den Mineralstoffen des Meeres. Vor allem enthält er Meersalz, Jod, Natrium, Kalium, Magnesium, Kalzium, Eisen, Zink, Mangan und Kupfer. In der Heilkunde spielt die Pflanze keine Rolle.

In der Küche ist der Europäische Queller gut als Wildgemüse zu verwenden. Will man ihn sammeln, muss man dies vor der Blüte tun. Danach schmecken die Triebspitzen bitter. Der Geschmack der Pflanze ist salzig. Deshalb kann man auf das Salzen des Gemüses verzichten. Queller lässt sich kurz blanchiert als Rohkost, als Suppeneinlage oder auch frittiert im Backteig zubereiten.

Rezeptvorschlag:

Gedünstetes Quellergemüse

500 g Triebspitzen des Quellers | 1 Zwiebel | etwas Zitronensaft | etwas gutes Olivenöl

Die Triebspitzen waschen und auf dem Sieb abtropfen lassen. Braune Teile entfernen. Zwiebel schälen und klein hacken. Zitrone auspressen. Die klein gehackte Zwiebel in Olivenöl kurz andünsten, den Queller hinzugeben und für etwa fünf Minuten mitdünsten. Mit Zitronensaft beträufeln und zu Fisch servieren.

Rainkohl, Gemeiner

Lapsana communis
auch Hasenkohl

Der Gemeine Rainkohl kommt an Weg- und Waldrändern vor. Er kann bis zu einem Meter groß werden, meist bleibt er aber darunter. Der Stängel treibt aus einer Blattrosette aus und ist sehr dünn. Im oberen Pflanzenteil verzweigt er sich dann. Der Stängel wie auch die Laubblätter enthalten einen weißlichen Milchsaft. Außerdem sind beide leicht behaart. Die Laubblätter sind weich, eiförmig und im unteren Bereich paarig gelappt. Von Juli bis September erscheinen dann an den verzweigten Ästen die etwa einen Zentimeter großen Korbblüten. Sie sind hellgelb und bilden eine lockere Rispe. Die wenigen Zungenblüten sind am Rand gerade. Außer an der Kronblattspitze: Da ist der Rand gezähnt. Die Blüten des Rainkohls öffnen sich nur am Vormittag. Als Frucht wird eine etwa vier Millimeter große Nuss gebildet.

In der Heilkunde gilt der Gemeine Rainkohl als wundheilend. Er enthält vor allem Mineralstoffe sowie Schleim- und Bitterstoffe. Der Geschmack ist leicht bitter und ähnelt dem des Chicorées.

Verwenden kann man die weichen, jungen, noch zarten Blätter roh als Salatbeigabe, gedünstet als Gemüsebeigabe zu Spinat oder Kohl. Die gezupften Zungenblüten schmücken so manches Gericht als essbare Dekoration.

Steckbrief

Familie:	Korbblütler *(Asteraceae)*
Standort:	Wegränder, Waldränder
Wuchshöhe:	30 bis 100 cm
Lebensdauer:	einjährig
Blütezeit:	Juli bis September
Blütenfarbe:	hellgelb
Blütenblätter:	mehr als fünf
Blütenstand:	Rispe
Laubblätter:	eiförmig, gelappt, grün, gezähnt, wechselständig
Stängel:	aufrecht, dünn, milchsaftführend, oben verzweigt, leicht behaart
Frucht:	Nuss

Verwendbare Pflanzenteile
Blätter, Blüten

Erntezeit

Blätter:	April bis Juni
Blüten:	Juni bis August

Rezeptvorschlag:

Mischsalat mit Rainkohl

Eine große Handvoll Wildkräuter von Rainkohl, Giersch, Gänseblümchen, Gewöhnlichem Löwenzahn und Knoblauchsrauke | 1 Kopfsalat | 3 EL Aceto Balsamico | 3 EL gutes Öl | Salz, Pfeffer

Die Wildkräuter in feine Streifen schneiden, den Kopfsalat in mundgerechte Stücke zerpflücken. Alles in eine Salatschüssel geben. Aus Essig und Öl ein Dressing herstellen, mit Pfeffer und Salz abschmecken. Kurz vor dem Servieren über den Salat geben und unterheben.

Rauke, Gewöhnliche

Sisymbrium officinale
auch Weg-Rauke

Steckbrief

Familie:	Kreuzblütler *(Brassicaceae)*
Standort:	Wege, Äcker
Wuchshöhe:	40 bis 100 cm
Lebensdauer:	ein- bis zweijährig
Blütezeit:	Mai bis September
Blütenfarbe:	gelb
Blütenblätter:	vier
Blütenstand:	Traube
Laubblätter:	dreieckig, spitz, fiederspaltig, gestielt, behaart, grün, wechselständig
Stängel:	aufrecht, dünn, grün, verzweigt
Frucht:	Schote

Verwendbare Pflanzenteile
Blätter, Samen

Erntezeit

Blätter:	April bis Juni
Samen:	September bis Oktober

Zu den Kreuzblütlern zählt die ein-, manchmal auch zweijährige Gewöhnliche Rauke, die man an Wegen und Äckern antrifft. An aufrechten Stängeln, die sich im oberen Pflanzenabschnitt verzweigen, wachsen die grünen, fiederspaltigen, dreieckigen Laubblätter. Die unteren Blätter sind wesentlich größer als die Stängelblätter, die wechselständig angeordnet sind. Die Pflanze ist manchmal behaart, manchmal aber auch nicht. In der Blütezeit, die von Mai bis September geht, erscheinen endständig die kleinen gelben Blütchen. Sie sind nur etwa vier Millimeter groß. Mehrere von ihnen bilden zusammen kleine Blütentrauben, die während der Blütezeit immer länger werden. Als Frucht bildet sich eine etwa zwei Zentimeter lange Schote, die eng am Stängel anliegt und die Samen enthält.

Die Gewöhnliche Rauke enthält vor allem Vitamin C, Gerbstoffe und Senfglykoside. In der Heilkunde gilt sie als hustenschleimlösend, wundheilend und verdauungsfördernd.

Der Geschmack der Pflanze ist scharf herb und erinnert etwas an Kresse. Die fein gehackten Blätter würzen Salate wie zum Beispiel in Kombination mit Gurke, Frühlingszwiebeln und saurer Sahne. Die Samen schmecken senfartig und werden als Gewürz eingesetzt.

Ringelblume, Acker-

Calendula arvensis
auch Wilde Ringelblume

Die Acker-Ringelblume liebt einen sonnigen Standort und kommt deshalb hier meist in Weinbaugebieten vor. Die Pflanze ist einjährig und wird bis zu dreißig Zentimeter hoch. Sie zählt zu den Korbblütlern. An einem aufrechten, gerillten, behaarten Stängel stehen die länglichen Laubblätter. Sie haben einen gewellten Blattrand, sind gestielt und filzig behaart. Die zwischen Juni und Oktober erscheinenden Korbblüten stehen als Einzelblüten an langen Stielen. Die Blüten werden etwa zwei Zentimeter groß und sind hellgelb. Manchmal sind sie an den Zungenblüten rötlich gezeichnet. Als Früchte bilden sich geringelte Nussfrüchte, die wie in einem Nestchen im Blütenkorb angeordnet sind. Die Acker-Ringelblume ist eine Verwandte der Garten-Ringelblume (*Calendula officinalis*). Sie steht unter Naturschutz und darf in der Natur nicht geerntet werden. Will man sie dennoch verwenden, sollte man sie im eigenen Garten anbauen.

Die Acker-Ringelblume enthält Flavonoide, Glykoside und Karotin. In der Heilkunde gilt sie als als wundheilend, antibakteriell, krampflösend und schweißtreibend.

Die gezupften Blütenblätter lassen sich zur Herstellung von Ringelblumenöl, Blütentee, Blütenbutter oder auch als essbare Dekoration verwenden. Außerdem geben sie Speisen eine gelbe Farbe. Sie schmecken herb. Deshalb sollte man sie gut dosieren.

Steckbrief

Familie:	Korbblütler (*Asteraceae*)
Standort:	Weinberge, Wegränder
Wuchshöhe:	5 bis 30 cm
Lebensdauer:	einjährig
Blütezeit:	Juni bis Oktober
Blütenfarbe:	gelb
Blütenblätter:	mehr als fünf
Blütenstand:	Einzelblüte
Laubblätter:	länglich, schmal, spitz, gewellter Rand, gestielt, grün, behaart, wechselständig
Stängel:	aufrecht, gerillt, grün bis rötlich, behaart, verzweigt
Frucht:	Nuss

Verwendbare Pflanzenteile

Blüten

Erntezeit

Blüten:	Juni bis Oktober

Rohrkolben, Breitblättriger

Typha latifolia
auch Großer Rohrkolben

Steckbrief

Familie:	Rohrkolbengewächse (*Typhaceae*)
Standort:	Ufer
Wuchshöhe:	100 bis 300 cm
Lebensdauer:	mehrjährig
Blütezeit:	Juni bis Juli
Blütenfarbe:	blassgrün bis braunrötlich
Blütenblätter:	unscheinbar
Blütenstand:	Kolben
Laubblätter:	lang, spitz, glattrandig, gewölbt, wechselständig
Stängel:	aufrecht, dick, starr, blaugrün, kahl
Frucht:	Nuss

Verwendbare Pflanzenteile
Triebe, Wurzeln

Erntezeit

Triebe:	April bis Juni
Wurzeln:	März bis September

Der Breitblättrige Rohrkolben ist ein Bewohner der Uferzonen. Mit seiner Wuchshöhe, die bis zu drei Meter betragen kann, ist er eine imposante mehrjährige Pflanze. Aus einem spindelförmig wachsenden Wurzelstock treiben die langen starren Stängel aus. Diese sind wechselständig beblättert. Dabei sitzen die Laubblätter meist am unteren Stängel. Sie sind etwa zwei Zentimeter breit und können bis zu achtzig Zentimeter lang werden, manchmal auch länger. Sie sind spitz zulaufend, glattrandig und nach oben gewölbt. Die unscheinbaren kleinen Blüten bilden einen bräunlich-roten Kolben. Dabei sitzt der männliche, dünne Blütenstand an der Spitze des Kolbens und der weibliche Blütenstand bildet den dicken Teil des Rohrkolbens. Der männliche Blütenstand zerfällt nach der Blüte, am weiblichen bilden sich weiße weiche Haare, die den Kolben umgeben. An diesen sitzen die kleinen Nussfrüchte, die sich mit der Achäne durch Wind verbreiten.

Der Breitblättrige Rohrkolben enthält ätherisches Öl und Flavonoide. In der Wurzel ist Stärke enthalten. In der Heilkunde verwendet man den Pollen des männlichen Blütenstandes. Hieraus wird Tee oder Salbe hergestellt. Er soll wundheilend, blutungsstillend, kühlend und harntreibend wirken.

Als Nahrungsmittel kommen die Wurzel und die Triebe in Frage. Die jungen Triebe lassen sich im Frühjahr gekocht oder gebraten als Gemüse zubereiten. Die Wurzeln kann man kochen und das Mus als Bindemittel zum Eindicken von Speisen verwenden. Der Geschmack ist bambusähnlich. Deshalb sollte man gut würzen.

Salbei, Klebriger

Salvia glutinosa
auch Gelber Salbei

Der Klebrige Salbei ist eine schöne Pflanze, die zu den Lippenblütlern gehört. Sie kommt vor allem am Rand von Laubwäldern vor. Aus einer Blattrosette entwickelt sich der aufrechte, kantige Stängel, der manchmal verzweigt. Dieser ist besetzt mit kleinen, klebrigen Härchen. Die Laubblätter sind ebenfalls klebrig. Sie sind pfeilförmig bis dreieckig, gestielt, mit gezähntem Rand. Dabei sind die Stängelblätter kleiner als die grundständigen Laubblätter. Am Stängelende wachsen aus kleinen Blättchen die hellgelben, etwa drei Zentimeter großen Blüten. Auffallend sind sie durch ihre rötlich braunen Flecken und ihre halbmondförmige Oberlippe. Die Unterlippe ist dreiteilig. Die Blüten sind quirlartig um den Stängel herum angeordnet und bilden eine lange Traube. Nach der Blütezeit bilden sich kleine Nussfrüchte, die im Blütenkelch sitzen.

Die Pflanze enthält ätherisches Öl, Gerb- und Bitterstoffe sowie Flavonoide. In der Heilkunde spielt der Klebrige Salbei keine Rolle. Man kann aber davon ausgehen, dass er, ähnlich wie die übrigen Salbeisorten, antibakteriell wirkt.

Die jungen Blätter eignen sich als Beigabe zu Salaten, als Gewürz in Kräuterbutter oder auch in Quark. Ebenso kann man daraus einen würzigen Tee oder ein Kräuteröl zubereiten. Der Geschmack der Blätter ist süßlich herb.

Steckbrief

Familie: Lippenblütler *(Lamiaceae)*
Standort: Waldrand
Wuchshöhe: 5 bis 30 cm
Lebensdauer: einjährig
Blütezeit: Juni bis September
Blütenfarbe: gelb
Blütenblätter: symmetrisch verwachsen
Blütenstand: Traube
Laubblätter: pfeilförmig, gestielt, klebrig, glänzend, grün, gezähnt, gegenständig
Stängel: aufrecht, kantig, grün, klebrig
Frucht: Nuss

Verwendbare Pflanzenteile
Blätter

Erntezeit
Blätter: April bis Juni

Salbei, Wiesen-

Salvia pratensis
auch Hahnenkamp

Steckbrief

Familie:	Lippenblütler *(Lamiaceae)*
Standort:	Wegränder, Gräben
Wuchshöhe:	50 bis 80 cm
Lebensdauer:	mehrjährig
Blütezeit:	Juli bis September
Blütenfarbe:	violett
Blütenblätter:	symmetrisch verwachsen
Blütenstand:	Traube
Laubblätter:	länglich, oval, herzförmig, gezähnt, gestielt, grün, behaart, gegenständig
Stängel:	aufrecht, kantig, grün bis rötlich überlaufen, behaart
Frucht:	Spaltfrucht

Verwendbare Pflanzenteile
Blätter, Blüten

Erntezeit

Blätter:	April bis Juni
Blüten:	Juni bis Juli

Der Wiesen-Salbei ist eine krautige Pflanze, die gern in trockenen Gräben oder an Wegrändern wächst. Sie wird bis zu achtzig Zentimeter groß. Aus einer Blattrosette mit etwa zehn Zentimeter langen herzförmigen Blättern wächst der aufrechte, kantige und etwas klebrig behaarte Stängel. Dieser verzweigt im oberen Bereich etwas. Die Stängelblätter dagegen sind etwas kleiner, länglich und ebenfalls wenig behaart. Die Blattoberfläche ist runzlig und riecht beim Zerreiben aromatisch nach Salbei. Die Blüten erscheinen von Juli bis September. Sie stehen quirlartig um den Stängel herum und bilden eine lange, lockere Traube. Die Blüten sind violette Lippenblüten. Sie werden bis etwa drei Zentimeter groß. Manchmal können sie auch weiß blühen. Die Oberlippe beugt sich sichelartig über die Unterlippe. Die Unterlippe ist dreigeteilt. Als Frucht bildet sich eine viergeteilte Spaltfrucht.

Der Wiesen-Salbei enthält ätherische Öle, Flavonoide, Bitterstoffe und östrogenartige Stoffe. In der Heilkunde gilt er als antibakteriell, entzündungshemmend und schweißbildungshemmend. Der Geschmack der Blätter ist aromatisch herb. Die Blüten schmecken süßlich.

Aus den Blättern des Salbeis lässt sich ein Tee bei Erkältungskrankheiten zubereiten. Außerdem ist er ein gutes Würzkraut in Verbindung mit Huhn oder Kartoffeln. Größere Blätter lassen sich in einem Backteig frittieren oder auch als Salbeibutter zubereiten. Blüten eignen sich als essbare Dekoration auf Desserts oder Salaten.

Rezeptvorschlag:

Salbei im Backteig

Zwei große Handvoll gestielte Salbeiblätter | 200 g Mehl | 2 Bio-Eier | 200 ml kaltes Wasser | Salz | gutes Öl zum Ausbacken

Die Eier trennen. Das Eigelb mit Wasser und Salz verrühren. Dann das Mehl unterrühren. Darauf achten, dass es keine Klümpchen gibt. Die Masse etwa eine halbe Stunde ruhen lassen. Dann das Eiweiß zu steifem Eischnee schlagen und unter den Mehlteig heben. Das Öl in einer Pfanne erhitzen. Die Salbeiblätter am Blattstiel anfassen und in die Mehlmasse tauchen. Herausnehmen und in heißem Öl ausbacken. Als Beilage zu Kartoffeln oder auch ausgekühlt als knusprige Knabberei sehr lecker.

Steckbrief

Familie: Ölweidengewächse *(Elaeagnaceae)*
Standort: Dünen, Küsten
Wuchshöhe: bis 5 m
Lebensdauer: mehrjährig
Blütezeit: März, April
Blütenfarbe: braun, gelbgrün
Blütenblätter: unscheinbar
Blütenstand: Ähre
Laubblätter: länglich, schmal, spitz, graugrün, ganzrandig, wechselständig
Rinde: graubraun
Frucht: Beere

Verwendbare Pflanzenteile
Früchte

Erntezeit
Früchte: September bis November

Sanddorn

Hippophae rhamnoides
auch Dünendorn

Der Sanddorn ist ein Strauch und zählt zur den Ölweidengewächsen. An den Küsten findet man ihn häufig auf sandigem Boden. Dort bildet er manchmal ganze Hecken. Der Strauch kann Wuchshöhen bis zu fünf Meter erreichen. Seine Laubblätter sind sehr schmal und spitz zulaufend. Sie werden etwa acht Zentimeter lang. An den Zweigen sitzen sehr lange, spitze Dornen. Die Blütezeit des Sanddorns ist sehr früh im Jahr. Schon ab März sind die etwa vier Millimeter großen Blüten zu erkennen. Es gibt männliche und weibliche Sanddornsträucher. Die männlichen Blüten sind bräunlich, die weiblichen dagegen gelbgrün. Früchte tragen nur die weiblichen Sträucher. Es sind kleine Beeren, die sich bis zur Fruchtreife ab September orange färben. Sie sind etwa sieben Millimeter groß und kugelig geformt.

Die Früchte des Sanddorns enthalten vor allem viel Vitamin C, außerdem Mineralstoffe wie Kalzium und Magnesium. Weiterhin Flavonoide, Öl, Zucker und Karotin. Die Beeren sind in der Heilkunde sehr wertvoll. Sie gelten als immunstärkend, vitalisierend und schmerzstillend. Das aus den Samen gewonnenen Öl nutzt man in der Kosmetik und zur Wundheilung. Die Sanddornbeeren schmecken säuerlich herb.

In der Küche werden die Beeren vielfältig eingesetzt. Die Ernte gestaltet sich wegen der spitzen Dornen eher mühsam. Aber der Einsatz lohnt sich. Es lassen sich Fruchtmus, Saft, Gelee, Chutney und Likör herstellen.

Rezeptvorschlag:

Sanddornsaft

1,5 kg Sanddornbeeren | etwas Wasser | Honig

Die Beeren waschen. Dabei darauf achten, dass man sie nicht zerdrückt. Abtropfen lassen und in einen Topf geben. Etwas Wasser dazugeben und das Ganze bei geringer Hitze etwa 20 Minuten köcheln lassen. Das Mus durch ein Sieb streichen und den Saft auffangen. Diesen nach Belieben mit Honig süßen. Entweder genießt man den Saft als Vitamin-C-Bombe direkt oder friert ihn portionsweise ein.

Gemischt mit zum Beispiel Orangensaft erhält man einen leckeren Fitnessdrink.

Steckbrief

Familie:	Knöterichgewächse *(Polygonaceae)*
Standort:	Wiesen, Wegränder
Wuchshöhe:	30 bis 70 cm
Lebensdauer:	mehrjährig
Blütezeit:	Mai bis Juni
Blütenfarbe:	rötlich, braun
Blütenblätter:	unscheinbar
Blütenstand:	Rispe
Laubblätter:	spießförmig, gewellt, groß, gestielt, grün, wechselständig
Stängel:	aufrecht, kantig, dick, grün bis rötlich überlaufen
Frucht:	Nuss

Verwendbare Pflanzenteile

Blätter

Erntezeit

Blätter: März bis Oktober

Sauerampfer, Großer

Rumex acetosa

auch Wiesen-Sauerampfer

Der Große Sauerampfer begegnet einem häufig an Wegen und auf Wiesen. Zuerst treiben die großen, grünen Laubblätter aus und bilden eine grundständige Blattrosette. Die Laubblätter werden etwa 15 Zentimeter lang. Sie sind spießförmig gestielt und grasgrün. Später treibt der lange Stängel aus. Auch dieser ist beblättert. Die Stängelblätter sind allerdings wesentlich kleiner und wachsen aus einem Knoten am Stängel. Ab etwa Mai erscheinen am verzweigten Stängelende in einer Rispe die kleinen, etwa drei Millimeter großen Blüten. Sie sind rötlich braun und sitzen quirlartig um den Stängel herum. Als Frucht wird eine Nuss gebildet.

Der Große Sauerampfer enthält Flavonoide, Eiweiß, viel Vitamin C, Gerbstoffe und Eisen, außerdem Oxalsäure. In der Heilkunde gilt er als blutreinigend und immunstärkend. Der Geschmack ist säuerlich. Wegen seines Gehalts an Oxalsäure sollte der Große Sauerampfer nicht über eine längere Zeit regelmäßig roh verzehrt werden. Es könnte zu einer Beeinträchtigung der Nierenfunktion kommen.

Die Blätter des Großen Sauerampfers sind in der Küche Frankreichs sehr beliebt. Er wird sogar kulturmäßig angebaut. Man kocht daraus Suppe, verzehrt ihn roh als Salatbeigabe (gut dosieren, da er sonst herausschmeckt) oder stellt eine Soße her, die zu gekochten Eiern oder auch Wildgerichten schmeckt. Das Kochen des Sauerampfers hat den Vorteil, dass die Oxalsäure zersetzt wird.

Rezeptvorschlag:

Sauerampfersuppe

100 g Sauerampferblätter | 1 große Zwiebel | 30 g Butter | 2 EL Mehl | 750 ml Hühnerbrühe | 1 Eigelb | 150 ml süße Sahne | Pfeffer, Salz

Die Zwiebel schälen, klein hacken und in der zerlassenen Butter glasig andünsten. Die Blätter des Sauerampfers von den Stielen befreien, grob zerkleinern und zu den Zwiebeln geben. So lange dünsten, bis sie zusammenfallen. Mit Mehl bestäuben und kurz mitkochen. Die heiße Hühnerbrühe zugeben. Gut rühren, damit keine Klümpchen entstehen. Bei geschlossenem Deckel und niedriger Hitze etwa 20 Minuten köcheln lassen, von der Kochstelle nehmen und mit einem Pürierstab pürieren. Den Topf zurück auf den Herd stellen und kurz erhitzen. Das Eigelb mit der Sahne verrühren und unter die Suppe schlagen. Mit Pfeffer und Salz pikant abschmecken.

Sauerklee, Wald-

Oxalis acetosella
auch Hasenklee

Steckbrief

Familie:	Sauerkleegewächse *(Oxalidaceae)*
Standort:	Wälder, Gebüsch
Wuchshöhe:	4 bis 10 cm
Lebensdauer:	mehrjährig
Blütezeit:	April bis Juni
Blütenfarbe:	weiß
Blütenblätter:	fünf
Blütenstand:	Einzelblüte
Laubblätter:	dreizählig, gefiedert, herzförmig, gestielt, hellgrün, grundständig
Stängel:	aufrecht, kriechend, rötlich
Frucht:	Kapselfrucht

Verwendbare Pflanzenteile
Blätter, Blüten

Erntezeit

Blätter:	März bis April
Blüten:	April bis Mai

Der Wald-Sauerklee kommt in lichten Wäldern und an schattigen Standorten vor. Da er kriechende Ausläufer bildet, findet man oft ganze Wald-Sauerkleeteppiche vor. Die Pflanze wird mit etwa zehn Zentimetern nicht sehr hoch. Wie der Name Sauerklee eigentlich vermuten lässt, ist er jedoch kein Verwandter des Wiesenklees *(Trifolium pratense)*, der zur Familie der Schmetterlingsblütler *(Faboideae)* gehört. Nur die Laubblattform haben sie gemeinsam. Diese sind dreizählig, hellgrüne Kleeblätter. Bei starkem Schatten, zu starker Sonneneinstrahlung, Kälte und Erschütterungen werden sie als Schutzhaltung regenschirmartig nach unten weggeklappt. Dies bezeichnet man auch als „Schlafstellung". Die Einzelblüten erscheinen ab etwa April an langen, rötlichbraunen Stielen. Sie werden bis zu 15 Millimeter groß, sind weiß und violett geädert. Sie hängen etwas glockenartig nach unten. Als Frucht wird eine Samenkapsel gebildet.

Die Hauptinhaltsstoffe des Wald-Sauerklees sind Vitamin C und Oxalsäure. Oxalsäure kann bei regelmäßigem Verzehr über einen längeren Zeitraum hinweg zu Nierenschäden führen. Oxalsäure lässt sich in Zusammenhang mit Wasser allerdings abbauen. In der Heilkunde gilt der Wald-Sauerklee als verdauungsfördernd, durstlöschend, entzündungshemmend. Der Geschmack ist erfrischend-säuerlich.

Verwenden kann man den Wald-Sauerklee in der Küche am besten roh. Vor der Blüte geerntet, schmecken die Blättchen besonderts zart. Er eignet sich als frische Salatbeigabe, in Kräuterbutter oder als Suppe. Durch das Kochen wird dem Wald-Sauerklee die Oxalsäure entzogen. Die Blüten sind hübsche essbare Dekoration.

Schachtelhalm, Acker-

Equisetum arvense
auch Zinnkraut

Der Acker-Schachtelhalm wächst an feuchten Standorten wie Hecken und Waldrändern. Im Frühjahr treiben aus einem flachen, tief in die Erde reichenden Wurzelstock braune Triebe aus, die am Triebende eine Ähre aus Sporen tragen. Dieser junge Spross wird etwa 15 Zentimeter hoch. Aus den Blattknoten bilden sich etwa zwei Zentimeter hohe Laubblattscheiden, die den Spross umfassen und am Blattscheidenende etwa acht bis zwölf Zacken haben. Der junge, sporentragende Spross stirbt dann ab und es bilden sich die ineinander verschachtelten Laubhalme, die quirlartig um den Hauptstängel, der mehr als drei Millimeter dick ist, abstehen. Der Hauptstängel hat zwischen sechs und zwanzig Rillen. Die einzelnen Stängelabschnitte lassen sich auseinanderziehen und wieder exakt zusammenstecken. Manchmal bilden sich kleine Nussfrüchte. Wer den Acker-Schachtelhalm sammeln möchte, muss sich gut auskennen. Es besteht eine große Verwechslungsgefahr mit dem sehr giftigen Sumpf-Schachtelhalm (*Equisetum palustre*), der in sumpfigen Gebieten zwischen dem Acker-Schachtelhalm wachsen kann. Also bitte allergrößte Vorsicht walten lassen! Wer nicht 100% sicher ist, sollte auf die Ernte verzichten!

Die Hauptinhaltsstoffe des Acker-Schachtelhalms sind Kieselsäure, Kalium und Flavonoide. In der Heilkunde gilt die Pflanze als harntreibend, immunstärkend und wundheilend. Seine jungen braunen Triebe schmecken pilzartig, die grünen Stängelhalme dagegen bitter.

Die jungen braunen Triebe kann man zusammen mit der Sporenähre als Gemüse in der Pfanne dünsten oder verwendet sie roh als Salatbeigabe. Die grünen Laubhalme dagegen nutzt man zur Teeherstellung.

Steckbrief

Familie:	Schachtelhalmgewächse *(Equisetaceae)*
Standort:	feuchte Hecken, Waldrand, Wiesen
Wuchshöhe:	10 bis 40 cm
Lebensdauer:	mehrjährig
Blütezeit:	März bis April
Blütenfarbe:	braun
Blütenblätter:	keine
Blütenstand:	Ähre aus Sporen
Laubblätter:	schuppig, geschachtelt
Stängel:	aufrecht, gerillt, grün bis rötlich, hohl, behaart, verzweigt
Frucht:	Nuss

Verwendbare Pflanzenteile

Blätter, Triebe

Erntezeit

Blätter, Triebe: März bis April

Steckbrief

Familie:	Korbblütler (*Asteraceae)*
Standort:	Wiesen, Wegränder
Wuchshöhe:	40 bis 80 cm
Lebensdauer:	mehrjährig
Blütezeit:	Juli bis Oktober
Blütenfarbe:	weiß, rosa
Blütenblätter:	mehr als fünf
Blütenstand:	Traube
Laubblätter:	gefiedert, schmal, graugrün, ungestielt oder gestielt, wechselständig oder grundständig
Stängel:	aufrecht, steif, unverzweigt, grün-rötlich
Frucht:	Nuss

Verwendbare Pflanzenteile

Blätter, Blüten

Erntezeit

Blätter:	März bis April
Blüten:	Juni bis Oktober

Schafgarbe, Gemeine

Achillea millefolium
auch Wiesen-Schafgarbe

Die Gemeine Schafgarbe ist ein Korbblütler, den man auf den ersten Blick eher den Doldenblütlern zuordnen würde. Dennoch ist der Blütenstand eine doldenartige Traube. Die Gemeine Schafgarbe ist häufig auf Wiesen und an Wegen zu finden. Dort wird sie etwa 80 Zentimeter hoch. Der Stängel ist aufrecht, hart und unverzweigt. Die Blütenstängel wachsen lang und steif von diesem weg. Am Ende bildet sich dann der flache Blütenstand mit vielen kleinen, etwa fünf Millimeter großen Einzelblüten. Diese sind meist weiß, können aber auch rosa erscheinen. Die Laubblätter sind grundständig und gestielt oder sitzen ungestielt am Stängel. Es sind gefiederte, schmale, blaugrüne Einzelblättchen, die auch in ihrem gesamten Fiederblatt eine längliche, schmale, federartige Form aufweisen. Sie verströmen einen herben Geruch. Als Frucht werden kleine Nüsschen gebildet, die an einer Achäne sitzen.

In der Heilkunde gilt die Gemeine Schafgarbe als wundheilend, krampflösend, verdauungsfördernd, blutstillend und stärkend. Ebenso gilt sie als Frauenkraut und soll bei Menstruationsbeschwerden helfen. Sie enthält ätherische Öle, Gerbstoffe, Flavonoide, Bitterstoffe, Vitamine, Kalium und antibiotisch wirkende Substanzen.

Die jungen Blätter haben einen feinherben Geschmack. Sind sie älter, schmecken sie bitter. Sie eignen sich dann lediglich zur Teezubereitung oder als Gewürz. Die zarten Blätter lassen sich als Gemüsefüllung mit anderen Wildkräutern, in Suppe oder auch in Salate geben. Aus den Blüten kann man eine Limonade herstellen, die man über Nacht ziehen lässt.

Schaumkraut, Behaartes

Cardamine hirsuta
auch Vielstängel-Schaumkraut

Das Behaarte Schaumkraut ist ein kleines, einjähriges Pflänzchen, das im Herbst keimt, um dann im Frühjahr beizeiten zu wachsen. Dann bildet sich eine Blattrosette aus. Die Laubblätter sind gefiedert. Das einzelne Blatt ist nierenförmig und kurzgestielt. Der Stängel wächst aufrecht und ist vielstängelig. Meist ist er borstig behaart. Jeder Stängel wird oft von vier Fiederblättern umgeben. Von Mai bis Juni bildet sich der spärliche Blütenstand am verzweigten Stängelende aus. Die etwa fünf Millimeter großen, weißen Blüten bilden eine lockere Traube, die sich während der Blütezeit nach oben verlängert. Oft findet man Blüten und Samen gleichzeitig an der Pflanze. Die Schoten, die etwa zwanzig Millimeter lang werden, stehen seitlich vom Stängel ab und umrahmen den Blütenstand.

Das Behaarte Schaumkraut enthält Senfglykoside, Bitterstoffe und Vitamin C. Es schmeckt angenehm scharf und ähnelt dem Geschmack von Kresse. In der Heilkunde gilt die Pflanze als verdauungsfördernd, harntreibend, entschlackend.

Die Blätter eignen sich gut als Salatzugabe, auf Butterbrot, in Kräuterbutter oder Suppen. Auch als Schaumkrautsoße machen sie sich gut. Man kann sie zu Reis oder Kartoffeln reichen.

Steckbrief

Familie:	Kreuzblütler *(Brassicaceae)*
Standort:	Waldrand, Felsen
Wuchshöhe:	10 bis 30 cm
Lebensdauer:	einjährig
Blütezeit:	Mai bis Juni
Blütenfarbe:	weiß
Blütenblätter:	vier
Blütenstand:	Traube
Laubblätter:	nierenförmig, glatt, gestielt, grün, gefiedert, grundständig
Stängel:	aufrecht, kantig, wenig behaart, grün bis rötlich
Frucht:	Schote

Verwendbare Pflanzenteile

Blätter

Erntezeit

Blätter:	März bis Mai

Schaumkraut, Wiesen-

Cardamine pratensis
auch Kuckuckspflanze

Steckbrief

Familie:	Kreuzblütler *(Brassicaceae)*
Standort:	Wiesen, Wegränder
Wuchshöhe:	20 bis 60 cm
Lebensdauer:	mehrjährig
Blütezeit:	April bis Juni
Blütenfarbe:	rosa
Blütenblätter:	vier
Blütenstand:	Traube
Laubblätter:	rund oder länglich, ganzrandig oder gezähnt, gestielt, grün, gefiedert, grundständig, wechselständig
Stängel:	aufrecht, rund, unbehaart, grün
Frucht:	Schote

Verwendbare Pflanzenteile
Blätter

Erntezeit
Blätter: März bis Oktober

Das Wiesen-Schaumkraut zählt zu den Kreuzblütlern und liebt feuchte Wiesen und Wegränder. Oft sind ganze Ansammlungen des Wiesen-Schaumkrauts zu finden. Es bildet eine Blattrosette, aus der die aufrechten, dünnen Stängel austreiben. Diese sind unbehaart und verzweigen sich im oberen Stängelbereich. Die Laubblätter sind gefiedert. Dabei sind die grundständigen Rosettenblätter eher rundlich. Die Stängelblätter sind auch gefiedert, allerdings schmal und länglich. Während der Blütezeit wachsen die rosa bis hellvioletten Blüten. Diese werden etwa 14 Millimeter groß und bilden eine endständige, lockere Traube, die während der Blüte größer wird. Als Frucht werden etwa 40 Millimeter lange, flache Schoten gebildet, die meist parallel zum Stängel abstehen.

Das Wiesen-Schaumkraut enthält Senfglykoside, Bitterstoffe und Vitamin C. In der Heilkunde gilt die Pflanze als verdauungsfördernd, harntreibend und entschlackend.

Die jungen Blätter eignen sich mit ihrem kresseartigen Aroma gut für Salate, Kräuterquark oder Brotbelag. Aber auch in einem Dip, den man zu Ofenkartoffeln reichen kann, ist das Wiesen-Schaumkraut schmackhaft.

Rezeptvorschlag:

Schaumkraut-Dip

1 Handvoll Wiesen-Schaumkraut-Blätter | 150 g Naturjoghurt | 100 g Schmand | 150 g süße Sahne | Salz | Zitronensaft

Die Blätter des Wiesen-Schaumkrauts fein hacken. Den Joghurt mit dem Schmand verrühren. Die gehackten Blätter unterrühren. Süße Sahne steif schlagen und unter die Masse heben. Mit Salz und Zitronensaft abschmecken.

Zu Ofenkartoffeln gereicht eine leckere Mahlzeit.

Schlehdorn

Prunus spinosa
auch Schwarzdorn

Steckbrief

Familie:	Rosengewächse *(Rosaceae)*
Standort:	Feldränder, Waldränder
Wuchshöhe:	bis 4 m
Lebensdauer:	mehrjährig
Blütezeit:	März bis April
Blütenfarbe:	weiß
Blütenblätter:	fünf
Blütenstand:	Einzelblüte
Laubblätter:	eiförmig, oval, stumpf, gezähnt, weich, grün, wechselständig
Rinde:	schwarzgrau, rau
Frucht:	Steinfrucht

Verwendbare Pflanzenteile
Früchte

Erntezeit

Früchte:	September bis Dezember

Der Schlehdorn ist ein Strauch, der oft als Hecke an Wald- oder Feldrändern zu finden ist. Die Rinde der jungen Austriebe ist rötlichbraun und glatt. Ältere Triebe haben eine schwarzgraue raue Rinde. Der Schlehdorn besitzt Lang- und Kurztriebe, wobei die Kurztriebe überwiegen. Diese sind mit langen Dornen besetzt. Meist wachsen sie kreuz und quer, sodass sich ein dichtes Geäst bildet. Dieses Geäst ist ein geeigneter Brutplatz von Vögeln. Der Schlehdorn ist sommergrün. Vor dem Laubaustrieb erscheinen die weißen, etwa 15 Millimeter großen, fünfzähligen Blüten. Die Blätter sind eiförmig mit einer stumpfen Spitze. Der Blattrand ist gesägt. Junge Blätter sind auf der Blattunterseite weich behaart. Sie stehen in Gruppen an den Ästen und werden bis etwa fünf Zentimeter lang. Im Herbst reifen die Steinfrüchte heran. Sie sind etwa 18 Millimeter groß, rund, blauschwarz und weißlich bereift.

Die Früchte enthalten Vitamin C, Anthocyane, Gerbstoffe und Zucker. In der Heilkunde gelten die Früchte als immunstärkend und entzündungshemmend. Der Geschmack ist säuerlich. Nach dem ersten Frost wird er milder.

Die Früchte des Schlehdorns erntet man am besten erst nach den ersten Frösten. Es ist ratsam, Handschuhe zu tragen, damit man sich nicht an den Dornen verletzt. Ist die Ernte geschafft, lassen sich aus den Früchten Gelee, Saft, Fruchtmus, Likör und Chutney bereiten. Gute Kombinationen mit Schlehen sind Birne, Apfel, Quitte, Pflaume und Brombeere.

Rezeptvorschlag:

Schlehdorn-Apfel-Mus

1 kg Schlehen | 1 kg Boskop

Die Schlehen und die Äpfel waschen. Äpfel entkernen und klein schneiden. Alles in einen Topf geben und gerade so mit Wasser bedecken. Dann so lange köcheln lassen, bis sich die Schlehenkerne vom Fruchtfleisch trennen. Alles durch ein Haarsieb passieren. Die Kerne bleiben im Sieb zurück und man erhält ein fruchtiges Mus.

Wer möchte, kann das Mus zu Marmelade weiterverarbeiten. Hierzu das Mus wiegen, um die richtige Menge an Gelierzucker zu bestimmen. Danach gibt man es wieder in einen Topf, fügt Zitronensaft und Gelierzucker hinzu und erhitzt nach Anleitung auf der Gelierzuckerpackung. Alles noch heiß in Schraubgläser füllen.

Schlüsselblume, Echte

Primula veris
auch Wiesen-Schlüsselblume

Steckbrief

Familie:	Primelgewächse *(Primulaceae)*
Standort:	Wiesen, Wegränder
Wuchshöhe:	10 bis 30 cm
Lebensdauer:	mehrjährig
Blütezeit:	April bis Mai
Blütenfarbe:	gelb
Blütenblätter:	fünf
Blütenstand:	Dolde
Laubblätter:	länglich, oval, gewellter Rand, gestielt, weich behaart, grundständig
Stängel:	keine
Frucht:	Kapsel

Verwendbare Pflanzenteile
Blätter, Blüten

Erntezeit

Blätter:	März bis Mai
Blüten:	April bis Mai

Um die Osterzeit herum strecken die Blätter der Echten Schlüsselblume ihre Spitzen heraus und bilden eine Blattrosette. Die Laubblätter sind grundständig oval mit langem Stiel. Ihr Rand ist gewellt und die Laubblattoberfläche weich behaart. Sie können bis zu 20 Zentimeter lang werden. Aus einem langen Blütenstiel wachsen die gelben nickenden Blüten heran. Sie werden etwa zehn Millimeter breit. Der Name „Schlüsselblume“ stammt aus der Anordnung der Blüten wie ein Schlüsselbund. Die Pflanze wird bis zu 30 Zentimeter hoch und ist mehrjährig. Als Frucht wird eine Kapsel gebildet.

Die Echte Schlüsselblume enthält reichlich Saponin, Flavonoide und ätherische Öle. In der Wurzel sind giftige Wirkstoffe. Die Blüten und Blätter werden in der Heilkunde als Bronchialmittel verwendet. Ein Tee soll das Abhusten erleichtern.

Will man die Blätter und Blüten ernten, so darf man das in der Natur nicht tun. Die Echte Schlüsselblume steht unter Naturschutz. Es ist jedoch möglich, sich die Pflanze bei einem Pflanzenversand zu bestellen und dann im eigenen Garten anzusiedeln. Die jungen Blätter und Blüten kann man als Salatbeigabe, als Essig oder auch als Schlüsselblumenwein zubereiten.

Rezeptvorschlag:

Essig aus Schlüsselblumenblüten

ca. 1 Handvoll Blüten | 700 ml Weinessig | 300 ml Aceto Balsamico

Die Blüten verlesen und zusammen mit dem Essig in eine gut verschließbare Glasflasche geben. Das Ganze für etwa zwei Wochen an einen hellen und warmen Ort stellen. Danach durch ein Haarsieb abfiltern und den Blütenessig wieder in die Flasche zurückgeben. Gut verschließen. Passt als Vinaigrette gut zu Salaten.

Steckbrief

Familie:	Amaryllisgewächse *(Amaryllidaceae)*
Standort:	Felsen, Wegrand
Wuchshöhe:	10 bis 40 cm
Lebensdauer:	mehrjährig
Blütezeit:	April bis September
Blütenfarbe:	violett
Blütenblätter:	sechs
Blütenstand:	Scheindolde
Laubblätter:	lang, rund, röhrig, dunkelgrün, grundständig
Stängel:	glatt, rund, hohl
Frucht:	Kapsel

Verwendbare Pflanzenteile

Blätter, Blüten

Erntezeit

Blätter:	Januar bis Mai
Blüten:	April bis Mai

Rezeptvorschlag:

Schnittlauchquark

1 Bund Wilden Schnittlauch | 250 g Sahnequark | 200 g Crème fraîche | Zitronensaft | etwas Milch, Salz, Pfeffer

Den Wilden Schnittlauch waschen, trocken tupfen und klein hacken. Den Sahnequark mit Crème fraîche verrühren. Wenn die Quarkmasse zu fest ist, etwas Milch hinzugeben, damit diese cremiger wird. Die Schnittlauchröllchen hinzugeben, unterrühren und alles mit Salz, Pfeffer und Zitronensaft abschmecken. Passt gut zu Pellkartoffeln oder als Brotaufstrich zu dunklem Brot.

Schnittlauch, Wilder

Allium schoenoprasum

auch Binsenlauch

Der Wilde Schnittlauch treibt im Gegensatz zu unserem Kulturschnittlauch schon im Februar aus. Er kommt meist in alpinen Gegenden vor, wo er auf felsigem Grund oder an Wegrändern wächst. Er wird bis zu 40 Zentimeter hoch und ist mehrjährig. Seine Laubblätter sind rund, lang und grundständig. Sie sind auch fester als die des Kulturschnittlauchs. Meist findet man den Wilden Schnittlauch in kleinen Büscheln wachsend. Zwischen April bis Juni treiben an einem langen Stiel die violetten Blüten aus. Die vielen Einzelblüten bilden eine etwa drei Zentimeter große kugelige Dolde.

Wilder Schnittlauch enthält Vitamin C, A, B, weiterhin Kalium, Kalzium, Natrium, Phosphor und Eisen. Er gilt als blutreinigend, schleimlösend und harntreibend. Sein Geschmack ist würzig-lauchartig.

In der Küche verwendet man den Wilden Schnittlauch wie den Kulturschnittlauch. Sein Geschmack ist jedoch intensiver. So ist er ein idealer Begleiter im Salatdressing, in Kräuterquark oder auch im Omelett. Wenn man ihn erntet, sollte man die untere Hälfte der Halme stehen lassen, damit sich die Pflanze vom Schnitt erholt und wieder nachtreiben kann. Beim Waschen des Wilden Schnittlauchs darauf achten, dass kein Wasser in die Röhrchen eindringt. Dann verlieren diese an Geschmack. Die Blüten kann man als essbare Dekoration verwenden. Ältere Blüten schmecken strohig.

Senf, Acker-

Sinapis arvensis
auch Wilder Senf

Steckbrief

Familie: Kreuzblütler *(Brassicaceae)*
Standort: Wegränder, Schuttplätze
Wuchshöhe: 40 bis 100 cm
Lebensdauer: einjährig
Blütezeit: April bis Oktober
Blütenfarbe: gelb
Blütenblätter: vier
Blütenstand: Traube
Laubblätter: eiförmig, gelappt, graugrün, gestielt, grün, behaart, wechselständig
Stängel: aufrecht, kantig, im oberen Teil verzweigt, grün-rötlich, behaart
Frucht: Schote

Verwendbare Pflanzenteile
Blätter, Blüten

Erntezeit
Blätter: April bis Juni
Blüten: April bis Mai
Samen: Juni bis August

Der Acker-Senf ist eine einjährige Pflanze, die vor allem auf Brach- und Schuttflächen vorkommt. Die Pflanze wird bis zu einem Meter hoch. An einem kantigen Stängel, der im oberen Teil verzweigt, wachsen von April bis Oktober die etwa 20 Millimeter großen, gelben Blüten. Sie besitzen vier Kronblätter, die sich während der Blütezeit weit aufklappen. Mehrere Blüten bilden eine Traube, die sich im Laufe der Zeit durch neue Blüten verlängert. Die Laubblätter sind im unteren Teil der Pflanze mehr eiförmig und etwa 20 Zentimeter lang, im oberen Teil werden sie länglich oval und sind kleiner. Als Frucht wird eine schnabelartige Schote gebildet, die die schwarzen Samen enthält.

Der Acker-Senf enthält vor allem Senfglykoside, Öle, Schleimstoffe und Vitamin C. Er gilt als verdauungs- und stoffwechselanregend. Sein Geschmack ist scharf-senfartig.

In der Küche lassen sich vor allem die noch jungen grünen Samen als Senfgewürz verwenden. Die jungen Blätter des Acker-Senfs schmecken scharf und würzen Salate, Suppen und Kräuterquark. Werden sie krautig, schmecken sie bitter. Beim Erhitzen verlieren die Blätter ihren scharfen Geschmack. Blüten eignen sich als essbare Dekoration.

Spargel, Wilder

Asparagus officinalis
auch Gemeiner Spargel

Der Wilde Spargel gedeiht auf sandigen Böden an recht sonnigen Standorten. Dort treiben im Frühjahr aus der Wurzel junge Triebe aus, die sich dann zu einem bis zu 150 Zentimeter langen Stängel weiterentwickeln. Dieser ist glatt und reichlich verzweigt. Die Laubblätter sind nadelartig, etwa zwei Zentimeter lang und quirlartig um den Stängel herum angeordnet. Während der Blütezeit von Juni bis Juli wachsen aus den Blattachseln auf langen Stielen die etwa fünf Millimeter großen Blüten. Sie sind hellgelb und hängen glockenartig nach unten. Als Frucht bildet sich eine etwa zehn Millimeter große runde Beere. Diese färbt sich während der Reifezeit von grün zu rot.

Der Wilde Spargel enthält Flavonoide, Saponine, Aspargin, Zucker und viel Kalium. Die Wurzel gilt als harntreibend, nieren- und herzstärkend. Der Geschmack ist spargelig.

In der Küche kann man die Triebe wie den Kulturspargel zubereiten: als Gemüse mit Kartoffeln, als Suppe oder kurz blanchiert in Salaten. Hier noch ein kleiner Hinweis: Der oft auf Märkten angebotene „Wilde Spargel" ist nicht der hier beschriebene, sondern eine aus Frankreich stammende gezüchtete Pflanze, nämlich der Pyrenäen-Milchstern (*Ornithogalum pyrenaicum*).

Steckbrief

Familie:	Spargelgewächse *(Asparagaceae)*
Standort:	Wegrand, Dünen
Wuchshöhe:	50 bis 150 cm
Lebensdauer:	mehrjährig
Blütezeit:	Juni bis Juli
Blütenfarbe:	hellgelb bis gelbgrün
Blütenblätter:	sechs, verwachsen
Blütenstand:	Einzelblüte
Laubblätter:	lang, nadelartig, spitz
Stängel:	glatt, verzweigt
Frucht:	Beere

Verwendbare Pflanzenteile
Wurzel

Erntezeit
Wurzel: April bis Mai

Speierling

Sorbus domestica
auch Spierapfel

Steckbrief

Familie:	Rosengewächse *(Rosaceae)*
Standort:	Weinbaugebiete
Wuchshöhe:	10 bis 20 m
Lebensdauer:	bis 100 Jahre
Blütezeit:	Mai bis Juni
Blütenfarbe:	weiß
Blütenblätter:	fünf
Blütenstand:	Rispe
Laubblätter:	lanzettig, gezähnt, behaart, grün unpaarig gefiedert
Rinde:	graubraun, rissig
Frucht:	Kernobst

Verwendbare Pflanzenteile
Früchte

Erntezeit
Früchte: September bis Oktober

Der Speierling ist ein seltenes, sommergrünes Wildgehölz. Man findet ihn in Weinbaugebieten oder Laubmischwald. Der Baum wird etwa 20 Meter hoch und kann einen Stammdurchmesser von etwa einem Meter erreichen. Je nach Standort entwickelt der Speierling unterschiedliche Wuchsformen. Er kann entweder ein schlanker, hoher Waldbaum werden oder freistehend ein Baum mit sehr ausladender Krone. Die Rinde ist graubraun, rissig und kleinschuppig. Die Laubblätter sind unpaarig gefiedert und bestehen meist aus 13 bis 21 Einzelfiedern. Durch die Laubblattform ist der Speierling leicht mit der Vogelbeere *(Sorbus aucuparia)* zu verwechseln. Nach dem Laubaustrieb erscheinen die weißen, etwa 15 Millimeter große Blüten, die in schirmförmigen Rispen zusammenstehen. Die aufrechten Rispen sind etwa zehn Zentimeter breit und bestehen aus bis zu 70 Einzelblüten. Ab einem Alter von etwa sieben Jahren trägt der Speierling erstmals Früchte. Sie sind entweder apfelrund oder birnenförmig. Sie werden etwa drei Zentimeter groß. Der Speierling wurde 1993 zum Baum des Jahres ernannt.

Die Früchte des Speierlings enthalten vor allem Gerbstoffe, Vitamin C und Pektin. In der Heilkunde gelten sie als verdauungsregulierend und adstringierend. Sie sollen bei Durchfallerkrankungen helfen.

Da die Früchte sehr viel Gerbstoffe besitzen, sollte man nur die reifen, meist schon herabgefallenen Exemplare in der Küche verwenden. Ihr Geschmack ist sauer. Die Früchte werden zu Marmelade, Mus, Wein oder Edelbränden verarbeitet.

Rezeptvorschlag:

Speierling, eingekocht

600 g Speierling | 125 g Weinessig | 300 ml Wasser | 160 g Zucker | Nelkenpulver | 1 Lorbeerblatt | etwas Kardamon | 3 Wacholderbeeren

Die Früchte waschen und halbieren. Wasser, Gewürze und Essig zum Kochen bringen. Die Früchte dazugeben und einige Minuten bei geringer Hitze köcheln lassen. Die weichen Früchte in saubere Schraubgläser füllen, mit dem Abkochsud übergießen und mit dem Schraubdeckel verschließen.

Springkraut, Echtes

Impatiens noli-tangere
auch Rühr-mich-nicht-an

Steckbrief

Familie:	Balsaminengewächse *(Balsaminaceae)*
Standort:	Waldrand, Bachlauf
Wuchshöhe:	30 bis 70 cm
Lebensdauer:	einjährig
Blütezeit:	Juli bis September
Blütenfarbe:	gelb
Blütenblätter:	fünf, verwachsen
Blütenstand:	Einzelblüte
Laubblätter:	eiförmig, gezähnt, grün bis rötlich überlaufen, gestielt, wechselständig
Stängel:	aufrecht, rund, glatt, verzweigt
Frucht:	Kapsel

Verwendbare Pflanzenteile
Blüten, Samen

Erntezeit

Blüten:	Juli bis Oktober
Samen:	September bis Oktober

Das Echte Springkraut wächst meist in großer Zahl in feuchten Wäldern oder an Bachufern. Es ist eine einjährige Pflanze, die eine Wuchshöhe von bis zu 70 Zentimetern erreichen kann. Der saftige Stängel des Echten Springkrauts ist aufrecht und verzweigt sich sehr stark. Dabei bildet er an den Seitentrieben dicke Knoten aus. Die Laubblätter sind eiförmig mit einem wenig gezähnten Rand. Ihre Oberfläche ist leicht wachsig. Aus den Blattachseln der oberen Seitenästchen wachsen die etwa drei Zentimeter großen, schönen gelben Blüten, die kleine rote Punkte aufweisen. Die Kronblätter sind symmetrisch verwachsen. Sie weist einen nach hinten gekrümmten Sporn auf. Eigentlich ist der Blütenstand eine Traube. Da sich meist aber nur eine Blüte nach der anderen öffnet, erscheint der Blütenstand eher dem der Einzelblüte.
Als Frucht wird eine Kapsel gebildet. Diese besitzt die Eigenschaft, bei Samenreife bei geringster Berührung aufzuplatzen und die Samen weit durch die Gegend zu schleudern. Daher rührt auch der Zweitname der Pflanze.

Das Echte Springkraut enthält Bitterstoffe, Glykoside und Tannine. In der Heilkunde spielt die Pflanze keine Rolle.

Die Samen des Echten Springkrauts haben ein nussiges Aroma. Um sie zu ernten, stülpt man am besten eine Tüte über die Kapsel, bevor man sie berührt. Dann landen die meisten nicht auf dem Boden. Man kann sie rösten und dann als Nussaroma in Speisen verwenden. Die Blüten eignen sich in geringer Menge als essbare Dekoration. Bei übermäßigem Verzehr können sie stark abführend und harntreibend wirken.

Stachelbeere

Ribes uva-crispa subsp. uva-crispa
auch Agrasel

Die Stachelbeere ist ein sommergrüner Strauch, den man wild an Waldrändern und Ufern findet. Er wird etwa einen Meter groß. Sein Wuchs ist sparrig, wobei seine Äste nach unten gebogen sind. Die Seitentriebe wachsen aus Knoten, an denen sich meist drei Dornen befinden. Die Laubblätter sind etwa vier Zentimeter groß und entweder drei- oder fünffach gelappt. Der Blattrand ist stark gekerbt. Während der Blütezeit von Mai bis Juni erscheinen die etwa sieben Millimeter großen Blüten. Sie sind weißrötlich gefärbt und nach hinten weggeklappt. Sie stehen in kleinen Trauben aus etwa drei Blüten zusammen und hängen nach unten. Nach der Blüte wächst als Frucht eine behaarte gelbgrüne bis grünrötliche Beere. Die Kulturstachelbeere *(Ribes uva-crispa subsp. grossularia)* hat größere Früchte als die Wildform.

Die Stachelbeere enthält Gerbstoffe, Pektin, viel Vitamin C und Kalium sowie Betakarotin. In der Heilkunde gilt sie als blutreinigend, appetitanregend und verdauungsfördernd. Der Geschmack der Beere ist säuerlich saftig.

Für den Verzehr erntet man die Beeren im August. Sie lassen sich roh oder als Kompott oder Marmelade, auf Kuchen oder zu Wein verarbeiten.

Steckbrief

Familie:	Stachelbeergewächse *(Grossulariaceae)*
Standort:	Waldrand, Ufer
Wuchshöhe:	50 bis 100 cm
Lebensdauer:	mehrjährig
Blütezeit:	Mai bis Juni
Blütenfarbe:	weiß-rötlich
Blütenblätter:	fünf
Blütenstand:	Traube
Laubblätter:	gelappt, klein, gekerbt, grün, gestielt, behaart, wechselständig
Rinde:	rotbraun, glatt
Frucht:	Beere

Verwendbare Pflanzenteile

Beere

Erntezeit

Beere: August

Storchschnabel, Wiesen-

Geranium pratense
auch Geranium

Steckbrief

Familie:	Storchschnabelgewächse *(Geraniaceae)*
Standort:	Wegränder, Wiesen
Wuchshöhe:	60 bis 100 cm
Lebensdauer:	mehrjährig
Blütezeit:	Juni bis September
Blütenfarbe:	blauviolett
Blütenblätter:	fünf
Blütenstand:	Dolde
Laubblätter:	fiederspaltig, gelappt, grün, spitz, gestielt, gegenständig
Stängel:	aufrecht, behaart, verzweigt
Frucht:	Spaltfrucht

Verwendbare Pflanzenteile
Blätter, Blüten

Erntezeit

Blätter:	April bis Juni
Blüten:	Juni bis August

Der Wiesen-Storchschnabel wächst gern an Wegrändern und Fettwiesen. Er ist eine mehrjährige Pflanze, die Wuchshöhen bis zu einem Meter erreichen kann. Aus der Wurzel treibt ein aufrechter, behaarter und verzweigter Stängel empor. An diesem wachsen die gegenständig angeordneten Laubblätter. Diese sind drei- bis siebenfach gelappt. In der Gesamtform erscheinen sie rund. Der Blattstiel wie auch der Stängel haben eine nach unten gerichtete Behaarung. Während der Blütezeit von Juni bis September erscheinen die schönen blauvioletten, etwa drei Zentimeter großen Blüten. Die Kronblätter sind von weißen Adern durchzogen. Die Blüten stehen in lockeren Dolden knäuelartig zusammen. Als Frucht bildet sich eine Spaltfrucht, die geschnäbelt ist.

Der Wiesen-Storchschnalbel enthält Flavonoide, Gerb- und Bitterstoffe und ätherisches Öl. In der Heilkunde gilt er als entschlackend und entzündungshemmend.

Die Laubblätter können, mit anderen Wildkräutern zusammen, als Salat zubereitet werden. Der Geschmack ist mild. Beim Sammeln bitte aufpassen. Die Laubblätter ähneln stark denen des sehr giftigen Gelben Eisenhuts (*Aconitum lycoctonum*). Die Blüten eignen sich als essbare Dekoration auf Salaten, Käse oder Kräuterquark.

Süßdolde

Myrrhis odorata
auch Myrrhenkerbel

Die Süßdolde ist eine ausdauernde Pflanze, die auf Wiesen oder Weiden vorkommt. Sie kann bis zu 180 Zentimeter hoch werden und ist sehr robust. Im Frühjahr treiben die farnähnlichen Laubblätter aus. Diese sind recht groß, gefiedert und in den Einzelfiedern am Rand stark gezähnt. Am aufrechten, verzweigten Stängel stehen sie wechselständig. Die ganze Pflanze ist weich behaart. Zerreibt man die Blätter, entströmt ihnen ein anisartiger Geruch. Während der Blütezeit von Mai bis Juli wachsen die kleinen Einzelblüten. Sie sind weiß und stehen in großer Zahl in einer bis zu 20-strahligen breiten Dolde zusammen. Nach der Blüte bilden sich Spaltfrüchte aus, die gerillt sind und an der Spitze zwei Griffel besitzen. Die Wurzel ist eine knollige Pfahlwurzel.

Die Süßdolde enthält ätherisches Öl und Flavonoide. In der Heilkunde gilt sie als appetitanregend, antibakteriell und verdauungsfördernd.

Die gesamten Pflanzenteile der Süßdolde sind essbar. Die Blätter und Stiele kann man als milderndes Gewürz mit sauren Obstsorten zu Kompott verarbeiten, als Zuckerersatz verwenden oder auch in Salatdressing geben. Die Blüten verwendet man als essbare Dekoration, die Samen schmecken nussartig. Aus der Wurzel bereitet man Wurzelgemüse zu oder stellt Likör daraus her. Die gesamte Pflanze schmeckt anisartig süß.

Steckbrief

Familie:	Doldenblütler (*Apiaceae*)
Standort:	Wiesen, Weiden, Gebüsch
Wuchshöhe:	80 bis 180 cm
Lebensdauer:	mehrjährig
Blütezeit:	Mai bis Juli
Blütenfarbe:	weiß
Blütenblätter:	fünf
Blütenstand:	Dolde
Laubblätter:	gefiedert, groß, tief gezähnt, hellgrün, gestielt, behaart, wechselständig
Stängel:	aufrecht, gerillt, behaart, kräftig, verzweigt
Frucht:	Spaltfrucht

Verwendbare Pflanzenteile
Blätter, Blüten, Samen, Wurzel

Erntezeit

Blätter:	April bis August
Blüten:	Mai bis Juni
Samen:	Juli bis August
Wurzel:	September bis März

Sumpfkresse, Gewöhnliche

Rorippa palustris, Nasturtium palustre
auch Kleinblütige Sumpfkresse

Steckbrief

Familie:	Kreuzblütler *(Brassicaceae)*
Standort:	Ufer, Bachläufe
Wuchshöhe:	10 bis 70 cm
Lebensdauer:	einjährig
Blütezeit:	Juni bis August
Blütenfarbe:	gelb
Blütenblätter:	vier
Blütenstand:	Traube
Laubblätter:	fiederspaltig, gelappt, grün, spitz,oval, gestielt, wechselständig
Stängel:	aufrecht, gerillt, hohl, grün bis rötlich, verzweigt
Frucht:	Schote

Verwendbare Pflanzenteile
Blätter, Blüten, Samen

Erntezeit

Blätter:	April bis Juni
Blüten:	Mai
Samen:	August bis September

Die Gewöhnliche Sumpfkresse wächst an feuchten Standorten wie Ufern, Bachläufen oder auch Nasswiesen. Im Frühjahr entwickeln sich die großen, gefiederten Grundblätter. Die einzelnen Fiederblätter sind gelappt. In ihrer Gesamtform erscheinen die Laubblätter dreieckig. Der Stängel wächst aufrecht und verzweigt, im oberen Pfanzenteil sparrig. Die Stängelblätter stehen wechselständig und sind kleiner als die Grundblätter. Während der Blütezeit von Juni bis August wachsen die gelben Blüten heran. Sie bilden mit mehreren Einzelblüten lockere Trauben. Die vier Kronblätter sind meist genauso lang wie die vier Hüllblätter. Da die Kronblätter und Hüllblätter kreuzweise stehen, ergibt sich ein achtsterniges Aussehen. Als Samen werden kleine, längliche Schoten gebildet, die an der Spitze einen Griffel aufweisen.

Die Pflanze enthält vorwiegend Senföle. In der Heilkunde spielt sie keine Rolle.

Der Geschmack der Pflanze ist kresseartig würzig-scharf. Man kann die Pflanze als Ersatz für Gartenkresse (*Lepidium sativum*) verwenden. Verwandt sind sie jedoch nicht. Die Gewöhnliche Sumpfkresse ist verwandt mit der Brunnenkresse (*Nasturtium*). So eignet sich die gesamte Pflanze als Salatwürze oder klein gehackt direkt auf das Butterbrot gestreut. Die Samen kann man keimen lassen und als Keimlinge ernten.

Taubnessel, Weiße

Lamium album
auch Nessel

Die Weiße Taubnessel wächst als mehrjährige Pflanze häufig an Wegen, auf Wiesen und in Gebüschen. Sie wird bis zu 80 Zentimeter hoch. Aus den Wurzelausläufern wachsen jedes Jahr die aufrechten, kantigen Stängel empor. Diese sind beblättert. Die Laubblätter sind ei- bis herzförmig und wie auch der Rest der Pflanze behaart. Im Unterschied zur Brennnessel (*Urtica*) besitzt die Weiße Taubnessel keine Brennhaare. Erst ab dem zweiten oder dritten Jahr fängt die Weiße Taubnessel an zu blühen. Die Blüten sind als Quirl um den Stängel herum angeordnet. Die Einzelblüte ist weiß und die Kronblätter symmetrisch verwachsen. Die behaarte Oberlippe wölbt sich dabei über die Unterlippe. Die Blüten sind etwa zwanzig Millimeter groß und damit wesentlich größer als bei der Brennnessel. Als Frucht werden kleine Nüsschen gebildet, die im Blütenkelch sitzen.

Die Pflanze enthält ätherisches Öl, Flavonoide, Schleim- und Gerbstoffe und viele Mineralstoffe. In der Heilkunde gilt die Weiße Taubnessel als entzündungshemmend, harntreibend, schleimlösend und blutstillend.

Steckbrief

Familie:	Lippenblütler (*Lamiaceae*)
Standort:	Wiesen, Wege, Gebüsch
Wuchshöhe:	20 bis 80 cm
Lebensdauer:	mehrjährig
Blütezeit:	Mai bis September
Blütenfarbe:	weiß
Blütenblätter:	symmetrisch verwachsen
Blütenstand:	Quirl
Laubblätter:	eiförmig, herzförmig, gezähnt, behaart, grün, gestielt, gegenständig
Stängel:	aufrecht, kantig, hohl, gerillt, behaart, grün
Frucht:	Nuss

Verwendbare Pflanzenteile
Blätter, Blüten

Erntezeit

Blätter:	Februar bis April
Blüten:	Mai bis September

Aus den Blättern kann man einen Tee brühen oder die jungen Blätter, die vor der Blüte geerntet werden sollten, als spinatähnliches Gemüse zubereiten. Sie schmecken pilzartig. Die Blüten sind aufgrund ihres hohen Nektargehalts süße, essbare Dekoration auf Salaten oder Desserts.

Teichbinse, Gewöhnliche

Schoenoplectus lacustris
auch Gewöhnliche Teichsimse

Steckbrief

Familie:	Sauergrasgewächse *(Brassicaceae)*
Standort:	Teichufer, Seeufer
Wuchshöhe:	80 bis 300 cm
Lebensdauer:	mehrjährig
Blütezeit:	Juni bis Juli
Blütenfarbe:	braun
Blütenblätter:	unscheinbar
Blütenstand:	Ähre
Laubblätter:	lang, glatt
Stängel:	aufrecht, grün, glatt, hohl
Frucht:	Nuss

Verwendbare Pflanzenteile
Wurzel

Erntezeit
Wurzel: April bis Juni

Die Gewöhnliche Teichbinse ist eine typische Röhrichtpflanze. Sie breitet sich sehr schnell aus und wurzelt bis in eine Gewässertiefe von einem Meter. Aus einem Wurzelstock treiben jedes Jahr aufs Neue die dunkelgrünen aufrechten Stängel aus. Sie werden bis zu drei Meter groß und etwa 15 Millimeter dick. Die Laubblätter der Gewöhnlichen Teichbinse wachsen meist unter der Wasseroberfläche, sodass man sie meist nur sehr vage erkennen kann. Sie werden etwa 40 Zentimeter lang. Während der Blütezeit von Juni bis Juli erscheinen am Stängelende kleine braune Blütenähren. Sie stehen verzweigt an langen Stielen, die aus dem Hauptstängel wachsen, und bestehen aus vielen kleinen und unscheinbaren Einzelblüten. Die Ähren werden etwa zehn Millimeter lang. Als Frucht bilden sich dreikantige, etwa drei Millimeter lange Nüsschen.

Auf Hawaii nutzt man die Wirkung der Wurzel bei Magen-Darm-Irritationen und inneren Blutungen.

In der Küche kann man die Wurzel verwenden. Sie schmeckt kartoffelartig. Gereinigt kann man sie backen oder als Suppeneinlage verwenden.

Tellerkraut, Gewöhnliches

Claytonia perfoliata, Montia perfoliata
auch Winter-Portulak

Das Gewöhnliche Tellerkraut kommt besonders häufig an den Küsten vor. Dort wächst es an sandigen Wegen und Feldrändern. Es ist einjährig und treibt zuerst eine Blattrosette aus. Die Laubblätter sind in dieser Zeit rauten- bis eiförmig und langestielt. Die Stängel wachsen aufrecht und sind saftig. Die Blüten erscheinen von April bis Juni. Sie sind fünfzählig weiß und stehen mit mehreren quirlartig zusammen. Dabei werden sie von zwei zusammengewachsenen ledrigen Blättern umschlossen, die sich unterhalb des Blütenstandes befinden. Das Laubblatt erscheint dann kreis- bis tellerförmig. Dieses verwachsene Blatt kann durchaus 30 Zentimeter erreichen. Die Blüten werden etwa 12 Millimeter groß. Nach der Blüte stirbt die Pflanze ab. Vorher werden noch die schwarzen Samen aus den Kapselfrüchten freigegeben, die dann ab Herbst als Lichtkeimer zu keimen anfangen.

Das Gewöhnliche Tellerkraut enthält viel Vitamin C, Magnesium, Eisen und Kalzium. Umschläge aus zerquetschten Blättern sollen Rheuma lindern.

Die jungen Blätter und Stängel sind im Winter ein idealer Vitaminspender. Sie schmecken ähnlich dem Feldsalat und etwas säuerlich. Man gibt die Blätter zu Salat oder verzehrt sie auf Butterbrot. Es kann aber auch ein spinatartiges Gemüse daraus zubereitet werden, das schon nach wenigen Minuten gar ist. Am besten werden die Blätter nur kurz blanchiert. Blüten eignen sich als essbare Dekoration.

Steckbrief

Familie:	Quellkrautgewächse *(Montiaceae)*
Standort:	Wege, Feldrand, Küste
Wuchshöhe:	10 bis 20 cm
Lebensdauer:	einjährig
Blütezeit:	April bis Juni
Blütenfarbe:	weiß
Blütenblätter:	fünf
Blütenstand:	Quirl
Laubblätter:	rautig, kreisförmig, ledrig grün, ganzrandig gestielt, stängelumfassend, Blattrosette,
Stängel:	aufrecht, grün-gelb, saftig
Frucht:	Kapsel

Verwendbare Pflanzenteile

Blätter, Stängel, Blüten

Erntezeit

Blätter:	November bis April
Stängel:	November bis April
Blüten:	April bis Juni

Teufelskralle, Ährige

Phyteuma spicatum
auch Weiße Teufelskralle

Steckbrief

Familie:	Glockenblumengewächse *(Campanulaceae)*
Standort:	Mischwälder
Wuchshöhe:	30 bis 80 cm
Lebensdauer:	mehrjährig
Blütezeit:	Juni bis Juli
Blütenfarbe:	gelbgrün, weiß
Blütenblätter:	fünf
Blütenstand:	Ähre
Laubblätter:	herzförmig, länglich, gestielt, grün, gezähnt, Blattrosette, wechselständig
Stängel:	aufrecht, grün, gefurcht
Frucht:	Kapsel

Verwendbare Pflanzenteile
Blätter, Blüten, Wurzel

Erntezeit

Blätter:	April bis Mai
Blüten:	April bis Mai
Wurzel:	September bis Juni

Die Ährige Teufelskralle zählt zu den Glockenblumengewächsen und wächst vorwiegend in Mischwäldern. Es ist eine mehrjährige Pflanze, die bis zu 80 Zentimeter hoch werden kann. Sie treibt aus einer dicken Wurzel zunächst eine Blattrosette aus. Die grundständigen, manchmal gefleckten Blätter sind herzförmig, gezähnt und kurzgestielt. Der Stängel wächst aufrecht und ist leicht gefurcht. Dieser ist wenig beblättert. Die Stängelblätter sind länglich, wenig gezähnt und langgestielt. Sie stehen wechselständig. Während der Blüte erscheint endständig am Stängel der zylindrisch anmutende, ährige Blütenstand. Die Kronblätter sind glockenförmig verwachsen und reißen beim Öffnen der Blüte lang nach unten ein. Dann ragen die Blütenblätter krallenförmig schmal nach außen und geben der Pflanze ihren Namen. Die Blütenfarbe variiert von gelbgrün bis weiß. Als Frucht wird eine Kapsel gebildet.

In der Heilkunde spielt die Pflanze keine Rolle. Sie darf nicht mit der Teufelskralle *Harpagophytum procumbens* verwechselt werden, die als Arthrose-Mittel eingesetzt wird. Diese ist Südafrika beheimatet. Die Ährige Teufelskralle enthält Mineralstoffe und Vitamine.

In der Küche kennt man die Pflanze auch als „Waldspinat". Die Blätter sind sehr aromatisch. Man verwendet sie roh zu Salat oder als Gemüsegericht. Auch die Blüten kann man garen oder als essbare Dekoration verwenden. Die Wurzel ist scharf. Gerieben lässt sich diese wie Meerrettich zubereiten.

Thymian, Breitblättriger

Thymus pulegioides
auch Feld-Thymian

Der Breitblättrige Thymian ist ein mehrjähriger Zwergstrauch, der auf Brachland oder auch an Wegrändern wächst. Die Pflanze verströmt insgesamt einen starken, würzigen Geruch. Der Stängel des Zwergstrauches ist im unteren Teil verholzt. Die etwa zwei Zentimetergroß werdenden Laubblätter sind eiförmig spitz zulaufend. Oft zeigen sie eine Punktierung. Von Juli bis August erscheinen die etwa sechs Millimeter großen, violetten Blüten. Die sechs Kronblätter sind symmetrisch verwachsen, wobei die Oberlippe als auch die Unterlippe dreiteilig ist. Sie wachsen aus den Achselständen oder auch endständig und stehen quirlartig am Zweigende zusammen.

Der würzige Geruch rührt von den in der Pflanze reichlich enthaltenen ätherischen Ölen her. Außerdem enthält sie noch Flavonoide. In der Heilkunde gilt sie als antibakteriell und antiseptisch sowie verdauungsanregend. Sie wird bei Erkältungskrankheiten und hier vor allem bei Husten eingesetzt.

In der Küche verwendet man die Blättchen als Gewürzzutat bei fetten Gerichten. Ebenso eignen sie sich zur Zubereitung von Tee oder Essig. Aus den Blüten lässt sich Sirup und aromatisiertes Speiseöl herstellen oder man nutzt sie als essbare Dekoration.

Steckbrief

Familie: Lippenblütler *(Lamiaceae)*
Standort: Wegränder, Brachland
Wuchshöhe: 10 bis 20 cm
Lebensdauer: mehrjährig
Blütezeit: Juli bis August
Blütenfarbe: violett
Blütenblätter: symmetrisch verwachsen
Blütenstand: Quirl
Laubblätter: eiförmig, lanzettig, spitz, ganzrandig, grün, gestielt, gegenständig
Stängel: aufrecht, verzweigt, grün bis rötlich, kantig, an den Kanten behaart
Frucht: Spaltfrucht

Verwendbare Pflanzenteile

Blätter, Blüten

Erntezeit

Blätter: Juni bis September
Blüten: Juni bis August

Steckbrief

Familie:	Korbblütler *(Asteraceae)*
Standort:	Waldrand, Schuttplätze
Wuchshöhe:	2 bis 3 m
Lebensdauer:	mehrjährig
Blütezeit:	August bis November
Blütenfarbe:	gelb
Blütenblätter:	mehr als zehn
Blütenstand:	Korb
Laubblätter:	herz- oder eiförmig, rau, grün, gezähnt, behaart
Stängel:	grün, behaart, rötlich gefleckt
Frucht:	Nuss

Verwendbare Pflanzenteile

Knolle

Erntezeit

Knolle: Oktober bis März

Rezeptvorschlag:

Topinambursüppchen

250 g Knollen von Topinambur | 150 g Möhren | 2 geschälte Tomaten | 3 mittlere Zwiebeln | 800 ml Gemüsebrühe | Butter | Salz, Pfeffer, Muskatnuss | frische Gartenkräuter

Das Gemüse putzen, klein schneiden, die Zwiebel schälen und klein hacken. Alles in Butter andünsten. Die Hälfte der Brühe zu dem Gemüse geben und gar kochen. Alles fein pürieren. So viel von der restlichen Brühe hinzugeben, dass sie noch sämig bleibt. Alles mit Salz, Pfeffer und Muskatnuss abschmecken. Mit den gehackten Gartenkräutern bestreut servieren.

Topinambur

Helianthus tuberosus
auch Erdbirne

Topinambur ist eine bis zu drei Meter hoch werdende Pflanze, die große Ähnlichkeit mit der Sonnenblume (*Helianthus annuus)* hat. Sie gedeiht gut an Waldrändern und Schuttplätzen. Dort, wo die Pflanze einmal Fuß gefasst hat, ist sie nicht mehr so leicht zu verdrängen. Aus einer verdickten Knolle treibt im Frühjahr der lange, behaarte Stängel aus. Dieser ist grün und mit braunen Flecken übersät. Im oberen Teil der Pflanze verzweigt er sich. Die Laubblätter sind herz- oder eiförmig und recht groß. An den Stängelenden wachsen von August bis November die bis zu zehn Zentimeter großen, leuchtend gelben Korbblüten. Als Frucht bilden sich Nussfrüchte. Die Vermehrung von Topinambur findet aber meist über die Knollen statt.

Topinambur enthält Vitamin B, Eisen, Kalium, Mineralstoffe und Inulin. Das macht die Knolle zu einer idealen Diabetikerkost. Außerdem gilt die Pflanze als darmsanierend.

In der Küche wird hauptsächlich die Knolle verwendet. Diese schmeckt kartoffelähnlich, nur süßlicher. Hat man diese Knolle geerntet, sollte man sie recht bald verarbeiten, da sie sich nicht lange aufbewahren lässt. Man kann sie als Gemüse, Salat oder Suppe zubereiten, aber auch sauer in Essig einlegen.

Veilchen, Wohlriechendes

Viola odorata
auch März-Veilchen

Steckbrief

Familie:	Veilchengewächse *(Violaceae)*
Standort:	Waldrand, Wege
Wuchshöhe:	5 bis 15 cm
Lebensdauer:	mehrjährig
Blütezeit:	März bis April
Blütenfarbe:	violett
Blütenblätter:	fünf, symmetrisch verwachsen
Blütenstand:	Einzelblüte
Laubblätter:	herz- oder nierenförmig, grün, gekerbt, behaart, Blattrosette
Stängel:	grün, behaart
Frucht:	Kapsel

Verwendbare Pflanzenteile
Blätter, Blüten

Erntezeit

Blätter:	März bis April
Blüten:	März bis April

Das Wohlriechende Veilchen gehört zu den Frühblühern im Jahr. Bereits im März erscheinen die schönen, etwa drei Zentimeter großen violetten Blüten mit weißem Kelch. Sie sitzen einzeln auf bis zu 15 Zentimeter langen, einseitig behaarten Stängeln und verströmen einen angenehmen Duft. Der Stängel ist blattlos und besitzt nur zwei kleine Vorblätter. Die Laubblätter wachsen als Blattrosette auf langen Stielen. Sie sind herz- oder nierenförmig, rau, behaart und am Blattrand gekerbt. Die Nebenblätter haben eher eine lanzettige Form. Das Wohlriechende Veilchen ist eine krautig wachsende Pflanze, die sich über Wurzelausläufer oder Samen recht schnell vermehrt und ganze Veilchenteppiche bildet. Als Frucht wird eine Kapsel gebildet.

Die Pflanze enthält Bitterstoffe, Flavonoide, Schleimstoffe und ätherisches Öl. In der Heilkunde gilt sie als schleimlösend und kopfschmerzstillend.

In der Küche lässt sich das Veilchen vielseitig verwenden. Am häufigsten nutzt man hier die Blüten. Sie lassen sich zu Essig, Sirup, Gelee, kandierter Blütendekoration oder auch zu Tee verarbeiten. Die noch jungen Blätter kann man als Salatbeigabe verwenden oder auch zu Blattgemüse zugeben. Der Geschmack der Pflanze ist süß. Zu viel von den Veilchen sollte man jedoch nicht verzehren, da dies zu Übelkeit führen kann.

Rezeptvorschlag:

Blütenessig vom Wohlriechenden Veilchen

2 Handvoll Blüten vom Wohlriechenden Veilchen | 1/2 unbehandelte Zitrone | 1 Flasche Branntweinessig

Die Blüten in eine Flasche geben, die Zitrone in kleine Stücke schneiden und ebenfalls in die Flasche geben. Mit Branntweinessig auffüllen. Darauf achten, dass alle Blüten bedeckt sind. Danach die Flasche verschließen und an einem warmen Ort etwa zwei Wochen stehen lassen. Der Essig lässt sich gut zu Salatdressing verarbeiten. Wen die Blüten darin stören, seiht das Ganze nach den zwei Wochen einfach ab.

Vogelmiere, Gewöhnliche

Stellaria media
auch Vogel-Sternmiere

Steckbrief

Familie:	Nelkengewächse *(Caryophyllaceae)*
Standort:	Äcker, Wege, Gebüsch
Wuchshöhe:	5 bis 35 cm
Lebensdauer:	einjährig
Blütezeit:	März bis Oktober
Blütenfarbe:	weiß
Blütenblätter:	fünf
Blütenstand:	Einzelblüte
Laubblätter:	eiförmig, oval, spitz, ganzrandig, gegenständig
Stängel:	aufrecht, grün bis rötlich überlaufen, behaart, verzweigt
Frucht:	Kapsel

Verwendbare Pflanzenteile
Blätter, Blüten

Erntezeit

Blätter:	März bis Oktober
Blüten:	März bis Oktober

Die Gewöhnliche Vogelmiere gilt meist als ungeliebtes Unkraut, das sich kaum mehr vertreiben lässt. Was wohl auch stimmt, denn das Pflänzchen produziert pro Jahr bis zu 20.000 Samen, die bis zu 60 Jahre danach noch keimen können. Die Gewöhnliche Vogelmiere kommt auf Äckern und Wegen vor, aber auch bei uns im Garten. Sie breitet sich über lange, kriechende Ausläufer stark aus und wird bis zu 35 Zentimeter hoch. Der Stängel ist meist liegend. An ihm wachsen die etwa zwei Zentimeter langen, nur im unteren Stängelabschnitt gestielten Laubblätter. Sie sind gegenständig angeordnet. Die Blüten erscheinen fast das ganze Jahr über. Sie werden etwa 10 Millimeter groß, sind weiß und ähneln kleinen Sternchen. Die fünf Kronblätter sind tief eingeschnitten. Sie stehen meist in kleinen Gruppen zusammen. Als Frucht bildet sich eine hängende Kapsel aus.

Die Gewöhnliche Vogelmiere ist eine äußerst gesunde Pflanze. Sie liefert reichlich Kalzium, Eisen und Vitamine. Außerdem sind in ihr Schleimstoffe, Saponine und Flavonoide enthalten. In der Heilkunde gilt sie als harntreibend, schleimlösend und immunstärkend.

Am besten verarbeitet man die Vogelmiere roh. Dann bleiben noch alle wertvollen Inhaltsstoffe erhalten. Als Salat, aufs Butterbrot, Pesto oder auch in Kräuterquark. Hierbei verwendet man Blüten und Blätter. Der Geschmack ist mild aromatisch.

Wacholder, Gemeiner

Juniperus communis
auch Heide-Wacholder

Steckbrief

Familie:	Zypressengewächse *(Cupressaceae)*
Standort:	Heide, Laubwald
Wuchshöhe:	0,5 bis 10 m
Lebensdauer:	bis 600 Jahre
Blütezeit:	Mai bis Juni
Blütenfarbe:	gelb
Blütenblätter:	unscheinbar
Blütenstand:	Zapfen
Laubblätter:	Nadeln, steif, spitz, flach, blaugrau, glänzend grün
Rinde:	graubraun, rotbraun, rissig
Frucht:	Zapfen („Beere")

Verwendbare Pflanzenteile

Zapfen („Beere")

Erntezeit

Zapfen („Beere"): August

Der Gemeine Wacholder wächst als kegelförmiger, immergrüner Strauch oder Baum. Er zählt zu den Zypressengewächsen und kommt häufig in Heidelandschaften vor. Seine Lebenserwartung ist mit 600 Jahren recht hoch. Der Gemeine Wacholder wächst recht langsam. An seinen Zweigen stehen die etwa 15 Millimeter langen, spitzen flachen Laubblätter, die Nadeln sind. Ihre Oberseite ist blaugrau, die Nadelunterseite dagegen grün und glänzend. Sie stehen immer zu dritt als Quirl um den Zweig herum. Bis der Gemeine Wacholder zum ersten Mal blüht, vergehen einige Jahre. Dann erscheinen die kleinen, etwa fünf Millimeter langen männlichen Blütenzapfen. Die weiblichen dagegen sind unscheinbar und grünlich. Als Frucht bilden sich etwa sieben Millimeter große Zapfen, die wie Beeren aussehen. Anfangs sind sie hellgrün. Bis sie reif sind, dauert es zwei Jahre. Dann haben sie ein dunkelblaues bis schwarzes, bereiftes Aussehen. Der Gemeine Wacholder ist Baum des Jahres 2002.

Die Beeren enthalten Gerbstoffe, Flavonoide, Zucker und ätherisches Öl. Sie gelten als harntreibend, blutreinigend und entzündungshemmend. Der Geschmack ist süßlich bitter-herb.

Die Zapfen-(„Beeren"-)Ernte stellt sich aufgrund der spitzen, stechenden Nadeln als Herausforderung dar. Ohne Handschuhe sollte man da nicht zu Werke gehen. Die Beerenzapfen werden getrocknet und als Gewürz zu Wildgerichten oder anderen herzhaften Gerichten zugegeben. Außerdem kann man aus ihnen auch Likör herstellen. Wacholderbeeren sollte man nicht über einen längeren Zeitraum in hohem Maße verzehren, da diese die Nieren schädigen können.

Waldmeister

Galium odoratum
auch Wohlriechendes Labkraut

Steckbrief

Familie:	Rötegewächse *(Rubiaceae)*
Standort:	Mischwald
Wuchshöhe:	10 bis 30 cm
Lebensdauer:	mehrjährig
Blütezeit:	Mai bis Juni
Blütenfarbe:	weiß
Blütenblätter:	vier
Blütenstand:	Dolde
Laubblätter:	länglich, oval, kleingestachelter Blattrand, ganzrandig
Stängel:	aufrecht, kantig, glatt
Frucht:	Nuss

Verwendbare Pflanzenteile
Blätter

Erntezeit
Blätter: April bis Mai

Der Waldmeister ist eine mehrjährig wachsende Pflanze, die häufig in schattigen Wäldern vorkommt und während der Blütezeit einen angenehmen Geruch verströmt. Im Frühjahr treiben aus dem Wurzelstock die Stängel aus. Diese wachsen aufrecht und werden bis zu 30 Zentimeter hoch. Die Laubblätter stehen in Quirlen aus bis zu neun Blättern in Abständen um den Stängel herum. Sie sind länglich und werden bis zu sechs Zentimeter lang. Während der Blütezeit erscheinen endständig am Stängel die kleinen weißen, etwa fünf Millimeter großen Blüten. Diese sehen wie kleine Kreuze aus und stehen in Gruppen doldenähnlich zusammen. Als Frucht bilden sich kleine Nüsschen, die mit Widerhaken versehen sind. Waldmeister bildet meist große Bestände aus.

Die Blätter des Waldmeisters enthalten Glykoside, Bitter- und Gerbstoffe. Bei den Glykosiden ist hier das Cumarin zu nennen, das für den Duft des Waldmeisters zuständig ist. Es soll, wenn es leicht dosiert wird, Kopfschmerzen lindern. Dosiert man zu hoch, bekommt man hingegen welche. Weiterhin gilt Waldmeister als beruhigend, blutreinigend und harntreibend.

Waldmeister wird gern zum Aromatisieren von Getränken oder Süßspeisen verwendet. Jeder kennt wohl die Maibowle oder auch den Waldmeister-Wackelpudding. Der Geschmack ist süßlich.

Rezeptvorschlag:

Waldmeister-Bowle

5 Stängel Waldmeister mit Blättern | 1 Zitrone | 1 l Weißwein von der Mosel | 0,75 l Sekt

Den Waldmeister am Stängelende zusammenbinden und über Nacht anwelken lassen. Gut gekühlten Weißwein und Sekt in ein Bowlegefäß geben. Zitrone auspressen und Saft dazugeben. Das Waldmeistersträußchen kopfüber für eine Viertelstunde zum Aromatisieren in die Bowle hängen. Danach wieder entfernen, damit Sie vom Cumarin keine Kopfschmerzen bekommen. Gut gekühlt servieren.

Walnuss, Echte

Juglans regia
auch Walnussbaum

Steckbrief

Familie:	Walnussgewächse *(Juglandaceae)*
Standort:	Weinbaugebiete
Wuchshöhe:	bis 25 m
Lebensdauer:	bis 300 Jahre
Blütezeit:	Mai
Blütenfarbe:	grün
Blütenblätter:	fünf
Blütenstand:	Kätzchen
Laubblätter:	unpaarig gefiedert, oval, grün, gestielt, wechselständig
Rinde:	glatt, grau, später längsrissig schwarzgrau
Frucht:	Nuss

Verwendbare Pflanzenteile
Samen

Erntezeit

Samen:	September

Der Echte Walnussbaum ist eine stattliche Erscheinung. Seine Wuchs ist ausladend und kugelig. Er kann durchaus bis zu 25 Meter hoch werden. Der Laubblattaustrieb des Walnussbaums ist sehr spät. Und zwar erst im April oder Mai. Dann erscheinen die Blätter, die in diesem Stadium rotbraun gefärbt sind. Später sind sie grün mit einer glänzenden Oberfläche. Zerreibt man sie, verströmen sie einen aromatischen Duft. Die Laubblätter bestehen aus etwa fünf bis neun bis zu 15 Zentimeter langen Fiederblättern und werden als Gesamtblatt bis zu 40 Zentimeter groß. Der Baum besitzt männliche und weibliche Blüten. Die männlichen Blüten sind hängende gelbe Kätzchen, die bereits angelegt sind, die weiblichen Blüten sind eher unscheinbar und erscheinen im Mai beim Blattaustrieb in den Blattachseln. Bis der Echte Walnussbaum zu blühen beginnt, vergehen fünf bis zehn Jahre. Als Frucht werden Nüsse gebildet, die etwa drei Zentimeter groß sind. Der Echte Walnussbaum ist Baum des Jahres 2008.

Die Laubblätter enthalten Gerbstoffe, Flavonoide und Vitamin C. Die Samen sind mineralstoff- und vitaminreich. Vor allem Eisen ist darin reichlich enthalten. Die Echte Walnuss gilt in der Heilkunde als blutreinigend, anregend, entzündungshemmend und harntreibend.

In der Küche kommen meist die Samen zur Verwendung, als leckere Knabberei für zwischendurch, als Salatbeigabe oder geröstet zu Backwerk. Man presst aus ihnen auch das wertvolle Walnussöl.

Wasserlinse, Kleine

Lemna minor
auch Entengrütze

Die Kleine Wasserlinse findet man auf ruhigen, stehenden Gewässern, meist auf Teichen. Es sind kleine, nur etwa fünf Millimeter große mehrjährige Pflänzchen, die ganze Teppiche auf der Wasseroberfläche bilden. Die Laubblätter sind oval und so leicht, dass sie auf dem Wasser schwimmen. Es hängen bis zu sechs Sprosse aneinander. Direkt darunter hängt die Wurzel ins Wasser und versorgt die Pflanze mit Nährstoffen. Die Blüten sind sehr klein und kommen hier meist gar nicht vor. Als Frucht werden winzige Nüsse gebildet. Im Herbst reichert sich in den kleinen Sprossen sehr viel Stärke an. Damit werden die Sprosse beschwert und sinken auf den Grund des Gewässers. Dort überwintern sie dann.

Steckbrief

Familie:	Aronstabgewächse *(Araceae)*
Standort:	Teiche
Wuchshöhe:	bis 5 mm
Lebensdauer:	mehrjährig
Blütezeit:	Mai bis Juni
Blütenfarbe:	unscheinbar
Blütenblätter:	unscheinbar
Blütenstand:	Scheibenblüte
Laubblätter:	oval, flach, grün
Stängel:	keiner
Frucht:	Nuss

Verwendbare Pflanzenteile

Blätter

Erntezeit

Blätter:	April bis September

Die Pflanze enthält Flavonoide, Schleimstoffe, Proteine und viele Mineralstoffe. In der Heilkunde spielt sie keine große Rolle.

Die Kleine Wasserlinse ist eine gesunde Pflanze mit mildem, salatartigem Geschmack. Man schöpft sie mit einem Haarsieb von der Wasseroberfläche ab. Hierbei ist darauf zu achten, dass das Gewässer sauber ist, da man sonst die Giftstoffe leicht über die Nahrung mit aufnimmt. Zubereiten lässt sie sich wie Salat.

Wegerich, Spitz-

Plantago lanceolata
auch Spießkraut

Steckbrief

Familie:	Wegerichgewächse *(Plantaginaceae)*
Standort:	Wiesen, Weiden
Wuchshöhe:	10 bis 30 cm
Lebensdauer:	mehrjährig
Blütezeit:	April bis Oktober
Blütenfarbe:	grünlich braun
Blütenblätter:	vier
Blütenstand:	Ähre
Laubblätter:	länglich, oval, behaart
Stängel:	aufrecht, kantig, behaart
Frucht:	Kapsel

Verwendbare Pflanzenteile
Blätter, Blüten

Erntezeit

Blätter:	April bis Mai
Blüten:	Mai bis Juni

Der Spitz-Wegerich ist eine mehrjährige, Blattrosetten bildende Pflanze, die häufig auf Wiesen, Weiden und Wegen beheimatet ist. Aus der im Frühjahr austreibenden Blattrosette treibt ein langer, aufrechter, behaarter Stängel aus. Dieser ist unbeblättert. Am Stängelende bildet sich von Mai bis September der Blütenstand aus. Die Einzelblüte ist unscheinbar. In der Gesamtheit ist es eine etwa drei Zentimeter lange, walzenartige Ähre. Deutlich sichtbar sind dann die langen Staubfäden, die aus den winzigen Blüten herausragen. Die Laubblätter sind gestielt und besitzen deutlich hervortretende Blattnerven, die parallel angeordnet sind. Als Frucht bildet sich eine Kapsel.

Spitz-Wegerich enthält Schleimstoffe, Glykoside, Flavonoide und Saponine. Außerdem Kieselsäure, Zink und Vitamine. In der Heilkunde gilt die Pflanze als entzündungshemmend, kühlend, hustenstillend.

Spitz-Wegerich lässt sich durchaus kreativ in der Küche verwenden. Als Salatbeigabe, in Kräuterquark, als Sirup, Suppe, Öl oder Brotaufstrich. Geschmacklich ist er salzig, bitter. Die Blüten dagegen schmecken steinpilzartig. Man kann sie roh essen oder aber aromatisierend in Gerichten verwenden.

Rezeptvorschlag:

Suppe mit Spitz-Wegerich und Zucchini

4 Handvoll Spitz-Wegerichblätter | 1 mittelgroße Zwiebel | 3 kleine Zucchini | 2 Knoblauchzehen | 1 l Gemüsebrühe | Salz, Pfeffer, Muskatnuss | Sahne nach Belieben

Zwiebel und Knoblauch schälen, klein hacken und in Öl andünsten. Die Spitz-Wegerichblätter eventuell von dicken Blattadern befreien und klein schneiden. Zucchini in Würfelchen schneiden. Beides zu der Zwiebel-Knoblauch-Mischung geben und kurz mitdünsten. Gemüsebrühe angießen und etwa zehn Minuten bei geringer Hitze gar köcheln. Alles mit Salz, Pfeffer und Muskatnuss abschmecken. Mit dem Stabmixer pürieren. Wer es cremig mag, verfeinert die Suppe mit etwas Sahne.

Wegwarte, Gemeine

Cichorium intybus
auch Zichorie

Steckbrief

Familie:	Korbblütler *(Asteraceae)*
Standort:	Äcker, Wege, Schuttplätze
Wuchshöhe:	60 bis 100 cm
Lebensdauer:	mehrjährig
Blütezeit:	Juli bis Oktober
Blütenfarbe:	blauviolett
Blütenblätter:	mehr als zehn
Blütenstand:	Achselstand
Laubblätter:	fiederspaltig, gezähnt oder stängelumfassend, ungezähnt, behaart, wechselständig
Stängel:	aufrecht, sparrig, behaart, grün
Frucht:	Nuss

Verwendbare Pflanzenteile

Blätter, Blüten, Wurzel

Erntezeit

Blätter:	April bis Juli
Blüten:	Juli bis September
Wurzel:	September bis März

Die Gemeine Wegwarte ist häufig am Wegrand und an Äckern zu finden. Sie kann bis zu einem Meter hoch werden. Dabei verzweigt der Stängel im oberen Pflanzenteil recht stark. Dieser ist behaart und gibt einen weißen Milchsaft ab. Die grundständigen Laubblätter werden etwa 20 Zentimeter lang, sind meist gezähnt und gestielt. Die Stängelblätter sind kleiner, stängelumfassend und oft ungezähnt. Auch die Laubblätter sind behaart. Die Blüten wachsen in kleinen Gruppen am Stängel. Sie werden etwa 30 Millimeter groß und haben eine schöne blaue Farbe. Das Besondere an ihnen ist die Blütezeit. Sie öffnen ihre Blüte nur für einen Tag am Vormittag. Danach verwelken sie und es öffnet sich eine neue Blüte. Als Frucht bildet sich eine kleine Nuss.

Die Gemeine Wegwarte enthält Bitterstoffe, Inulin, Zucker, Cichorin, Gerbsäure, ätherisches Öl und Kalium. In der Heilkunde gilt sie als blutreinigend, entzündungshemmend und anregend.

Von April bis Juli kann man die jungen Blätter zu Salaten, als Zugabe zu Kräuterpfannkuchen oder zu spinatähnlichem Gemüse zubereiten. Die Blütenblätter sehen als essbare Dekoration auf Salat oder Brotaufstrich schön aus. Aus den gesäuberten, gerösteten Wurzeln kann man einen Kaffeeersatz herstellen, den früher bekannten „Zichorienkaffee“.

Weidenröschen, Schmalblättriges

Epilobium angustifolium
auch Waldweidenröschen

Das Schmalblättrige Weidenröschen ist eine ausdauernd wachsende Pflanze, die sich durch unterirdische Ausläufer sehr stark ausbreitet. Zu finden ist es an Wegrändern, Böschungen oder auch Flussufern. Im Frühjahr treiben aus der Wurzel die hohen, aufrechten Stängel aus. Diese sind unverzweigt, glatt und grün mit rötlichen Färbungen. Die schmalen, lanzettigen Laubblätter sitzen wechselständig direkt am Stängel, werden bis zu 20 Zentimeter lang und besitzen starke Blattnerven. Der Blattrand ist wellig gezähnt und biegt sich etwas nach unten. Die Laubblätter sind auf der Blattunterseite blaugrau gefärbt. Das unterscheidet das Schmalblättrige Weidenröschen unter anderem von anderen Weidenröschenarten. Während der Blütezeit von Juni bis September wachsen die etwa drei Zentimeter großen violetten Blüten. Sie stehen endständig in lockeren Trauben zusammen. Der Blütenstand macht etwa die Hälfte der Pflanzengröße aus. Als Frucht wird eine Kapsel gebildet. Platzt sie auf, erscheinen die Samen mit weißen, watteartigen Fäden.

Das Schmalblättirge Weidenröschen enthält vor allem Flavonoide und sehr viel Vitamin C. In der Heilkunde gilt es als entzündungshemmend, harntreibend und wird bei Prostata-Beschwerden angewendet.

In der Küche liefern die Blätter des Schmalblättrigen Weidenröschens, als Salat zubereitet, reichlich Vitamin C. Sie lassen sich aber auch als spinatartiges Blattgemüse garen. Die Blüten sind schöne, essbare Dekorationen. Aus Blättern und Blüten lässt sich aber auch ein Tee bereiten. Der Geschmack der Pflanze ist säuerlich, feldsalatähnlich.

Steckbrief

Familie:	Nachtkerzengewächse *(Onagraceae)*
Standort:	Wegränder, Flussufer
Wuchshöhe:	80 bis 150 cm
Lebensdauer:	mehrjährig
Blütezeit:	Juni bis September
Blütenfarbe:	purpur, violett
Blütenblätter:	vier
Blütenstand:	Traube
Laubblätter:	lanzettig, schmal, spitz, grün, gezähnt, wechselständig
Stängel:	aufrecht, grün bis rötlich überlaufen, unverzweigt
Frucht:	Kapsel

Verwendbare Pflanzenteile
Blätter, Blüten

Erntezeit

Blätter:	April bis Juli
Blüten:	Juni bis August

Weißdorn, Eingriffeliger

Crataegus monogyna
auch Hagedorn

Steckbrief

Familie:	Rosengewächse *(Rosaceae)*
Standort:	Laubwald, Gebüsch
Wuchshöhe:	3 bis 6 m
Lebensdauer:	mehrjährig
Blütezeit:	Juni
Blütenfarbe:	weiß
Blütenblätter:	fünf
Blütenstand:	Traube
Laubblätter:	eiförmig, gelappt, grün, blaugrün, gestielt, an der Spitze gezähnt wechselständig
Rinde:	dunkelbraun, orange-rissig
Frucht:	Steinfrucht

Verwendbare Pflanzenteile
Blätter, Blüten, Früchte

Erntezeit

Blätter:	April
Blüten:	Mai bis Juni
Früchte:	August bis September

Der Eingriffelige Weißdorn ist ein mehrjähriger Strauch oder Baum, der in Laubwäldern oder Gebüschen wächst. Er kann Wuchshöhen von bis zu sechs Meter erreichen. Seine Wuchsform ist kugelig dicht und seine Äste tragen viele, etwa zwei Zentimeter lange Dornen. Die bis zu sieben Zentimeter großen Laubblätter sind gestielt eiförmig und drei- bis siebenfach gelappt. Die Blattadern treten deutlich hervor und sind büschelig behaart. Die Blattfärbung der Unterseite ist blaugrün, die Oberseite dagegen mattgrün. Im Juni erscheinen die weißen, unangenehm duftenden Blüten. Sie werden etwa 15 Millimeter groß und stehen in lockeren Trauben zusammen. Als Frucht wird eine glänzende, an langen Stielen hängende Steinfrucht gebildet. Diese wird etwa neun Millimeter groß und färbt sich bis zur Fruchtreife dunkelrot.

Die Blätter und Früchte enthalten vor allem Flavonoide. In der Heilkunde gilt der Weißdorn als herzstärkend und durchblutungsfördernd.

Aus den Früchten kann man Marmelade, Sirup, Mus oder auch Likör zubereiten. Da die Früchte eher mehlig sind, empfiehlt es sich, andere Früchte wie Holunder oder Hagebutte beizumischen. Die Blätter und Blüten eignen sich zur Teeherstellung. Die Blüten kann man zum Aromatisieren von Desserts oder Getränken nutzen. Blüten und Blätter schmecken nussartig, die Früchte dagegen mehlig, säuerlich.

Wiesenknopf, Großer

Sanguisorba officinalis
auch Herrgottsbart

Der Große Wiesenknopf ist sehr häufig verbreitet. Er zählt zu den Rosengewächsen und kann bis zu 120 Zentimeter groß werden. Aus einer Blattrosette treibt der dünne, sich sparrig verzweigende Stängel aus, der am Ende die Blütenstände trägt. Der Blütenstand ist eine etwa drei Zentimeter lange, kompakte Ähre, die aus vielen kleinen roten bis rotbraunen Einzelblüten besteht. Dabei öffnen sich die Blüten nacheinander von der Ährenspitze nach unten. Die Laubblätter sind unpaarig gefiedert und bestehen meist aus drei bis sechs Fiederblättchen. Das einzelne Fiederblatt ist oval oder herzförmig mit stark gezähntem Rand und wird bis vier Zentimeter groß. Das Laubblatt ist blattunterseits blaugrün und wachsartig. Als Frucht bilden sich kleine Nüsschen.

Die Pflanze enthält Gerbstoffe, Flavonoide, Saponine und Vitamin C. In der Heilkunde gilt sie als blutstillend, antibakteriell und schmerzlindernd.

Verwenden kann man die Blätter roh als Salatbeigabe oder zur Teeherstellung. Sie lassen sich aber auch zusammen mit anderen Wildpflanzen zu einem Kräuteromelett zubereiten. Die Blätter haben einen gurkenähnlichen Geschmack.

Steckbrief

Familie:	Rosengewächse (*Rosaceae*)
Standort:	Wiesen, Wegränder
Wuchshöhe:	40 bis 120 cm
Lebensdauer:	mehrjährig
Blütezeit:	Juni bis September
Blütenfarbe:	rot
Blütenblätter:	vier
Blütenstand:	Ähre
Laubblätter:	unpaarig gefiedert, oval bis herzförmig, gezähnt, gestielt, grün, unterseits blaugrün, wachsig, wechselständig
Stängel:	aufrecht, dünn, rund, verzweigt, grün bis rötlich überlaufen
Frucht:	Nuss

Verwendbare Pflanzenteile
Blätter, Wurzeln

Erntezeit

Blätter:	April bis September

Johanniskraut ist eines der ältesten bekannten Heilkräuter. Johanniskraut-Tee wirkt beruhigend.

Register der Pflanzen

deutsch
lateinisch

Bildnachweis

Fotolia: 6/7: Kay Taenzer; 28u, 29: pixelmixel; 47mr: Glaser; 76ul: ksena32; 85: ThKatz; 89: mima140186; 112ml: Picture Partners; 141: Otto Durst; 161u: guyghosti;

Shutterstock: 51: maigi

istock-Foto: 61m: Valentyn Volkov

Public Domain: 8o; 30; 31; 34; 37; 38ur; 38ul; 40ml; 40ur; 40m; 45o; 45m; 45ul; 49ul; 53ul; 53ur; 57ul; 57ur; 58ur; 66m; 68u; 68m; 71; 73; 74m; 76ur; 81ul; 81o; 82u; 86; 90; 91; 92um; 101; 102ur; 106; 107; 107u; 116ur; 117ul; 119o; 122ur; 125ur; 131u; 137ur; 139ul; 144; 146ul; 151; 153; 166o; 170ur; 175u; 176ul; 178ur; 181u; 182; 186ml; 187ul

Creative commons: 8: Willow; 9: PerArvidÅsen; 10: Rasbak; 11o: Benjamin Zwittnig; 11u: H. Zell; 12: GT1976; 13ur: Christian Fischer; 13o: H. Zell; 13ul: Teun Spaans; 14: Raike; 15u: Lisa Carter; 15: 4028mdk09; 16ur: Aka; 16o: H. Zell; 16ul: Meneerke bloem; 17: Christian Fischer; 18ul: Boronian; 18ur: Griensteidl; 19ul: KENPEI; 19ur: Pau Pámies Grácia; 20um: Enrico Blasutto; 20ul: H. Zell; 20ur: Rasbak; 21ur: Liczyrzepa; 21ul: Udo Schmidt; 22ul: Andrew Butko; 22ur: Benjamin Zwittnig; 23: Willow; 24u: Benjamin Zwittnig; 24o: BS Thurner Hof; 25: Archenzo; 26: Anemone Projectors; 27ul: Forest & Kim Starr; 27ur: N-Baudet; 28o: soebe; 29: Olivier Pichard; 32: Evelyn Simak; 33u: Matt Lavin; 33: Zeynel Cebeci; 35um: Rasbak; 35ul: Rob Hille; 35ur: Rob Hille; 36: Dezidor; 38: Jonathan Kington; 39ul: Agnes Monkelbaan; 39ur: Karelj; 39o: Victor M. Vicente Selvas; 41: Christian Fischer; 42u: Stefan Didam-Schmallenberg; 42o: Steinsplitter; 43ur: Bob Embleton; 43or: Bob Embleton; 43ul: Rosser; 44ol: Anne Burgess; 44ur: Javier martin; 44ul: Kristian Peters; 45ur: Sten Porse; 46o: Forest & Kim Starr; 46u: H. Zell; 47ur: B.gliwa; 47o: Unreife Kirsche; 48ul: Eurico Zimbres; 48mr: Rasbak; 49ur: Reaperman; 50: Dahola; 52ul: Forest & Kim Starr; 52mr: KENPEI; 54: Kristian Peters; 55ur: Caronna; 55: H. Zell; 56: Böhringer; 58ul: EnLorax; 59ur: Jerzy Opioa; 59ul: Meneerke bloem; 60ul: Bernd Haynold; 60o: H. Zell; 60ur: Olivier Pichard; 61ur: Antti Bilund; 61ul: MPF; 62: Szpawq; 63: Häferl; 64: Matt Lavin; 65u: Bff; 65: Hajotthu; 66u: Cillas; 67ul: Dalgial; 67ur: H. Zell; 69mr: H. Zell; 69u: Manfred Werner; 70ur: Bodgan; 70ul: Nova; 72: Sten Porse; 74u: Aiwok; 75ul: Matt Lavin; 75ur: Rasbak; 77ur: Darkone; 77mr: H. Zell; 77ul: Willow; 78ur: Dalgial; 78ul: Kristian Peters; 79: Dalgial; 80ur: Anne Burgess; 80ml: Aorg1961; 80umo: Beentree; 80um: Luis Fernández García; 80ul: Peter aka anemoneprojectors; 81ur: Andrey Korzun; 82ml: James K. Lindsey; 83o: Christian Fischer; 83u: Christian Fischer; 84: Kwiatostan; 87: Orikrin1998; 88: Magnus Manske; 92ul: B.navez; 92ur: Bouba; 93ul: pixeltoo; 93ml: Udo Schmidt; 93ur: Udo Schmidt; 94ul: Fornax; 94um: Meneerke bloem; 94ur: Stan Shebs; 95ul: H. Zell; 95ur: H.Zell; 95um: H. Zell; 96ul: Follavoine~commonswiki; 96ur: H. Zell; 97: A. M. Liosi; 98ul: Antony.sorrento; 98ur: Dr. Richard Murray; 98o: James K. Lindsey; 99ul: Ivar Leidus; 99ur: Kenraiz; 100: Manfred Werner; 101u: Josemanuel; 102ul: Matti Virtala; 103ur: Jamain; 103ul: 4028mdk09; 104: JoJu; 105: JoJu; 105u: Willow; 108ul: Aleš Kladnik; 108ur: Onderwijsgek; 109ul: Benjamin Zwittnig; 109ur: Meneerke bloem; 110u: Achird; 110m: Kristian Peters; 111ul: H. Zell; 111ur: Olivier Pichard; 112: Pethan; 113: Jann Kuusisaari; 114ur: Jerzy Opioa; 114ul: Nasenbär; 114m: Stefan.lefnaer; 115ul: Matt Lavin; 115ur: Matt Lavin; 115m: Rasbak; 116ul: H. Zell; 117ur: H. Zell; 118: H. Zell; 119: Wonderlane; 120o: Lamiot; 120u: Quartl; 121u: Christian Fischer; 121: Tigerente; 122m: Georg Slickers; 122ul: Ziounclesi; 123: AnRo0002; 124ul: Emily Kloosterman; 124ur: TeunSpaans; 125ul: Frank Vincentz; 125m: Randy A. Nonenmacher; 126ul: Rasbak; 126ur: Rasbak; 126m: Rasbak; 127ml: Aroche; 127ul: KENPEI; 127ur: Show_ryu; 128ur: Algirdas; 128ul: Kenraiz; 129mr: Ethel Aardvark; 129u: Ethel Aardvark; 130: Taka; 131: Donald Hobern; 132o: Fritz Geller-Grimm; 132u: Ghislain118; 133: Saeed.Ahmadi; 134: S.Rae; 135: Forest & KimStarr; 135u: T. Voekler; 136ul: H. Zell; 136ml: James K. Lindsey; 136ur: Teun Spaans; 137ul: Bjoertvedt; 138ul: H. Zell; 138m: H. Zell; 138ur: Panek; 139ur: Konrad Lackerbeck; 140u: H. Zell; 140m: H. Zell; 142ur: Jürgen Howaldt; 142ul: Marco Schmidt; 143o: Jerzy Opioa; 143: Svdmolen; 145: Hajotthu; 145u: Ivar Leidus; 146m: Algirdas; 146ur: muffinn; 147ul: Enrico Blasutto; 147ur: Michael Apel; 147m: MPF; 148ul: O. Pichard; 148ur: Peter O'Connor aka anemoneprojectors; 148m: Raul654; 149m: Anne Burgess; 149ul: Rasbak; 149ur: Rasbak; 150: Rasbak; 151u: Kenraiz; 152: Smartbyte; 153o: Milgesch; 154ul: Michael Gasperl; 154ur: Tony Hisgett; 155: Alvals; 156ul: Fornax; 156ur: Jann Kuusisaari; 157: Tigerente; 158m: Hectonichus; 158ur: Olivier Pichard; 158ul: Pancrat; 159ur: Denis Barthel; 159ul: Hagen Graebner; 159o: Rasbak; 160: Malte; 161: BerndH; 162ul: Bff; 162ol: Frank Vincentz; 162m: Krzysztof Ziarnek, Kenraiz; 162ur: Malte; 163ur: Bernd Haynold; 163ul: Rasbak; 163m: Rasbak; 164ur: Olivier Pichard; 164ul: Sten Porse; 165ur: Anne Burgess; 165m: H. Zell; 165ul: Rasbak; 166ur: Fornax; 166ul: Kristian Peters; 167ul: Aiwok; 167o: San-ja565658; 167ur: Teun Spaans; 168ur: Bernd Haynold; 168ul: David Eickhoff; 168m: Panek; 169o: Fritz Geller-Grimm; 169ur: miheco; 169ul: Walter Siegmund; 170m: Bernd H; 170ul: Nova; 171m: Chfon; 171ur: Radim Holi; 171ul: Stefan.lefnaer; 172m: Christian Fischer; 172ur: Kenraiz; 172ul: Kinori; 173o: Dalgial; 173: Paul Fenwick; 174: Teun Spaans; 175: Bernd H; 176ur: Hugo.arg; 177m: Bff; 177ur: Nikanos; 177ul: Peter Forster; 178ul: Radio Tonreg; 179: Hajotthu; 180ur: Böhringer Friedrich; 180ml: Georg Slickers; 180ul: H. Zell; 180o: Thesupermat; 181m: Kurt Stüber; 183: Hajotthu; 183o: Hans Hillewaert; 184ur: Bruce Marlin; 184ul: Christian Fischer; 185o: ThomasSkyt; 185ul: Walter Siegmund; 185ur: Walter Siegmund; 186ul: Sannse,Eugene-Zelenko; 186ur: Stanzilla; 187mr: H. Zell; 187ur: Hedwig Storch.

Josef Jung, Limburg: 188.